Das Quantenrätsel

Martin Bäker

Das Quantenrätsel

Ein Science-Fiction-Roman zur Quantenmechanik

 Springer

Martin Bäker
Braunschweig, Deutschland

ISBN 978-3-662-67298-3   ISBN 978-3-662-67299-0   (eBook)
https://doi.org/10.1007/978-3-662-67299-0

Die Deutsche Nationalbibliothek verzeichnet diese Publikation in der Deutschen
Nationalbibliografie; detaillierte bibliografische Daten sind im Internet über http://
dnb.d-nb.de abrufbar.

Planung/Lektorat: Caroline Strunz
Springer ist ein Imprint der eingetragenen Gesellschaft Springer-Verlag GmbH, DE
und ist ein Teil von Springer Nature.
Die Anschrift der Gesellschaft ist: Heidelberger Platz 3, 14197 Berlin, Germany

Das Papier dieses Produkts ist recyclebar.

Vorwort

Mehr als jede andere physikalische Theorie stellt die Quantenmechanik unser Verständnis der Realität in Frage. Unserem an der Alltagserfahrung geschulten Verstand erscheint sie seltsam und fremdartig. Um sie zu verstehen, ist es deshalb vielleicht hilfreich, die Quantenmechanik durch fremde Augen zu sehen. Das ist die Idee hinter diesem Buch, das die Quantenmechanik in Form eines Romans erläutert.

Ziel des Buches ist es nicht, einen detaillierten Überblick über quantenmechanische Experimente oder alle aktuell diskutierten Interpretationen der Quantenmechanik zu geben. Es geht viel mehr darum, die Essenz dessen, was die Quantenmechanik ausmacht, zu isolieren und schrittweise zu entwickeln, was genau sie so rätselhaft macht. Dabei verwenden die beiden Hauptcharaktere zwei unterschiedliche Sichtweisen, die grob den beiden physikalischen Modellen der Wellenmechanik und des Pfadintegral-Formalismus entsprechen.

Die physikalischen Experimente der beiden Hauptcharaktere sind alle zumindest prinzipiell mit der heutigen
Technik möglich. Auch die Dialoge in Kap. 4, 6, 8 und
10 entsprechen dem aktuellen Stand der Forschung.
(Leserinnen und Leser, die sich nur für die erzählte
Geschichte interessieren, können diese Dialoge prinzipiell
überspringen.) Alle anderen Aspekte der Geschichte sind
dagegen natürlich rein fiktiv.

Technische Anmerkungen am Ende des Buches enthalten vertiefte Informationen zum wissenschaftlichen
Hintergrund; ein Glossar erläutert die wichtigsten Begriffe
und verweist auf die entsprechenden Kapitel.

Auch dieses Buch wäre ohne die Leserinnen und
Leser meines Blogs „Hier wohnen Drachen" niemals
geschrieben worden. Zahlreiche Diskussionen in den
Kommentaren haben mir viele Konzepte verdeutlicht,
gezeigt, welche Aspekte besonders schwer verständlich
sind, und mir weiterführende Informationen vermittelt.
Ganz besonders bedanke ich mich bei Alderamin, Bullet,
Herrn Senf, Karl-Heinz, Manea-K, mar o, Niels und roel.

Weiterhin bedanke ich mich bei allen, die mir Fragen
beantwortet oder wertvolle Hinweise gegeben haben,
darunter insbesondere Paul Kwiat, Alexsandro Pereira
de Pereira und Sven Ramelow, die mir bei verschiedenen
Aspekten der Quantenmechanik weitergeholfen haben,
Kate Scholberg und Jost Migenda für Informationen
zum SNEWS-Projekt und zu zukünftigen Neutrino-
Detektoren, sowie Peter Sheppard und Richard Benton
von der Polynesian Society, die mir den Namen Ui Te
Rangiroa und seine unterschiedlichen Schreibweisen
erklärt haben.

Ein ganz besonderer Dank geht an meine beiden Test-
leser Björn Feuerbacher und Jörn Tychsen, die das gesamte
Manuskript gelesen und mir gezeigt haben, an welchen

Stellen es unverständlich und verbesserungsbedürftig war. Auch Stefan Seider danke ich herzlich für sein Feedback.

Beim Team des Springer-Verlags, insbesondere bei Andreas Rüdinger, Caroline Strunz und Annisha Kannan, bedanke ich mich für die gewohnt gute Zusammenarbeit und die Bereitschaft, dieses ungewöhnliche Buchprojekt Realität werden zu lassen.

Meiner Tochter Elisabeth danke ich für viele interessante Gespräche und für ihre Vorliebe für Geschichten, die aus mir – hoffentlich – einen besseren Erzähler gemacht haben. Nicht genug danken kann ich meiner Frau Annette, die nicht nur das Manuskript gelesen und mich mit vielen Ideen unterstützt hat, sondern die auch jederzeit bereit war, mit mir unterschiedliche Konzepte zu besprechen oder die nächste Idee für ein Weltuntergangsszenario durchzuspielen.

Braunschweig   Martin Bäker
im März 2023

Inhaltsverzeichnis

1

Der Himmelsstein

Die Welt war Stein. Natürlich war sie das.

Auf seiner Wanderung durch die Rote Wüste hatte T'lik'tik Zeit, nachzudenken. Der Weg, der vor ihm lag, war weit – von den vertrauten Wohnklippen der Steinlinge in den Pr'Tak-Bergen durch den Sand der Wüste bis hinter den südlichen Wall, wo sein Ziel lag, würde T'lik'tik sicherlich fünf oder sechs Sonnenläufe marschieren müssen. Zeit genug, um über die Lehren der Weisen nachzudenken.

Die Welt war vielfältig: Es gab Sand und Steine, Steinlinge und Felsgräber, Felsmoos und Stachelhalme; am Himmel leuchteten die Sonne und die Sterne, aber die Weisen waren überzeugt, dass dahinter etwas Einheitliches stehen musste, eine Substanz, die allem zugrunde lag: Stein. Stein war beständig. Stein war begrenzt. So, wie es die Substanz, aus der die Welt bestand, sein musste. Die Welt war Stein.

Ein Fels konnte natürlich zerschlagen oder zerrieben werden, zu kleinen Körnern, die wie Sand waren; eine Platte aus Schiefer ließ sich leicht spalten. Die Schieferplatte bestand aus vielen kleinen Körnern, die zusammenhielten, aber

© Der/die Autor(en), exklusiv lizenziert an Springer-Verlag GmbH, DE, ein Teil von Springer Nature 2023
M. Bäker, *Das Quantenrätsel*,
https://doi.org/10.1007/978-3-662-67299-0_1

getrennt werden konnten. Jeder Steinling wusste, dass Sand-körner selbst nur mit Mühe weiter zerkleinert werden konnten. Je kleiner ein Stein war, desto schwerer war es, ihn weiter zu zerteilen. Deshalb lehrten die Weisen, dass man irgendwann an eine Grenze gelangen würde, wenn man einen Fels immer weiter zerkleinern würde, an ein kleinstes Korn, das sich nicht weiter teilen ließ, weil es eine unteilbare Einheit war.

Alles in der Welt bestand aus solchen kleinsten Körnchen und war daraus zusammengesetzt, das erschien T'lik'tik vollkommen klar. Die Alternative wäre zu seltsam: dass es möglich wäre, einen Fels oder ein Sandkorn immer weiter und weiter zu zerteilen, ohne Ende, bis die Körnchen unendlich klein wurden.

Die Basaltklippen seiner Heimat hatte T'lik'tik inzwischen längst hinter sich gelassen und ging jetzt durch die offene Wüste. Zu seiner Linken erhoben sich die eisernen Tentakel von Mur'Bk, sechs schlanke, eckige Säulen, die sich viele Körperlängen in die Luft erstreckten. K'sul'kat hatte ihn vor vier Zyklen ausgeschickt, um sie zu studieren, so wie er es selbst als Schüler getan hatte. Kein Steinling wusste, was es mit ihnen auf sich hatte, und auch T'lik'tik hatte sie nur staunend betrachten können. Doch heute lag sein Ziel anderswo, weiter entfernt.

Der Sand machte das Gehen beschwerlicher, aber die breiten Füße seiner acht Beine gaben ihm guten Halt und verhinderten, dass er einsank. Während er ging, holte T'lik'tik mit seinen Kopftentakeln Felsmoos aus dem Tragebeutel auf seinem Rücken und schob es in seine Mundöffnung.

Noch etwas anderes sprach dagegen, dass man Dinge immer weiter teilen konnte: Alle Objekte waren deutlich begrenzt. T'lik'tiks Körper endete an seiner Haut; ein Stein hatte eine deutlich erkennbare Oberfläche, die scharfkantig sein konnte; selbst Wasser konnte zwar unterschiedliche Formen annehmen, trotzdem war klar erkennbar, wo ein

Wassertropfen endete. Wenn die Welt nicht aus Körnchen bestand, sondern aus einer Substanz, die sich beliebig teilen ließe, dann müsste es auch Dinge geben, die keine deutliche Grenze hatten, die immer dünner und substanzloser wurden, doch so etwas schien nicht zu existieren.

Unsicher war sich T'lik'tik allerdings darüber, ob alle diese Körnchen einander glichen oder ob es verschiedene von ihnen geben konnte. Konnte alles, was T'lik'tik beobachtete, aus identischen Teilen bestehen? Unterschieden sich harter Quarz und weicher Marmor darin, aus welcher Art von Körnchen sie zusammengesetzt waren, oder war es nur die Verbindung zwischen den Körnchen, die sich unterschied? Und was war mit der leuchtenden Substanz, aus der die Sonne bestehen musste? Konnten himmlische Objekte aus denselben Körnchen bestehen wie die seiner Heimat Duuhrn?

K'sul'kat und D'pit'rag glaubten, dass es mindestens zwei Arten von Körnchen geben musste: eine, aus der Dinge wie Steine und Sand bestanden, die schwer war und nach unten fiel und die selbst dunkel war, und eine zweite, leuchtende und schwebende Art, die Sonne und Sterne formte. D'pit'rag hatte auch spekuliert, dass lebende Wesen beide Arten von Körnchen enthalten mochten, die eine Art, die ihnen Schwere und Substanz verlieh, die andere, die es ihnen ermöglichte, sich zu bewegen.

P'luk'mut dagegen widersprach dem: Junge Tiere oder Steinlinge aßen Felsmoos und wuchsen dadurch, das Felsmoos wiederum wuchs auf Felsen, die weder lebten noch wie Feuer waren. Also musste schon der Felsen die Körnchen enthalten, aus denen später die Substanz von Tieren oder Steinlingen wurde. Aus getrockneten Stachelhalmen ließ sich ein Feuer entfachen, und auch Feuer leuchtete und schwebte nach oben, in Richtung Himmel. Wenn Feuer aus Körnchen bestand, dann mussten diese Körnchen schon in den Stachelhalmen und damit auch in der Erde, auf der sie wuchsen, vorhanden sein.

Oder war es möglich, dass es unterschiedliche Arten von Körnchen gab, die sich ineinander verwandeln konnten? Doch wenn das so war, dann waren die Körnchen selbst nicht unwandelbar und ewig.

Nicht einmal die Sterne waren unwandelbar. Die meisten von ihnen schienen zwar unveränderlich zu sein, doch es gab auch Sternschnuppen, und alle Steinlinge kannten das Sterngelege, eine kleine Region des Himmels, in der gelegentlich, manchmal sogar mehrfach in einem Zyklus, Sterne hell aufleuchteten und dann wieder verloschen.

T'lik'tik hatte den Streitgesprächen zwischen den Weisen oft und aufmerksam zugehört. Er hatte oft davon geträumt, sich an ihnen beteiligen zu können, vielleicht sogar einen neuen Gedanken einbringen zu können und damit tatsächlich zum Kreis der Weisen hinzuzugehören, doch es schien ihm, als seien alle Argumente längst ausgetauscht, und in seinen Gedanken konnte er die Worte der Weisen nur wiederholen, ihnen aber nichts hinzufügen.

Doch in der Nacht vor drei Sonnenläufen war der Himmelsstein erschienen. Erst war nur ein kleiner leuchtender Punkt zu sehen gewesen, doch dieser wurde schnell größer und heller, bis alle Steinlinge fasziniert beobachteten, wie ein großer weißer Stein auf einer Feuersäule über ihnen entlangflog und sich dabei langsam herabsenkte. Der Himmelsstein war schließlich hinter dem Horizont verschwunden, aber die ganze Siedlung war in Aufruhr.

Auch die Weisen waren ratlos. Keine Überlieferung berichtete von einem solchen Ereignis, niemand hatte jemals von einem Objekt gehört, das so am Himmel schweben und dann langsam heruntersinken konnte.

Natürlich warf der Himmelsstein auch die Frage nach seinen Bestandteilen auf: Er schwebte vom Himmel herab – bestand sein Feuerschweif also aus denselben Körnchen wie

Sonne und Sterne? War er wie ein großer Stein? Oder war die Trennung von himmlischen und duuhrnischen Körnchen ein Irrtum? Gab es vielleicht doch nur eine Art von ihnen, die sich in unterschiedlicher Weise verbinden konnte? Oder waren es mehr als zwei Arten von Körnchen, aus denen sich die Welt zusammensetzte?

Wind kam auf und erschwerte T'lik'tiks Vorwärtskommen. Als die ersten Sandkörner in seine Vorderaugen wehten, wusste T'lik'tik, dass ein Sturm aufziehen würde. Zunächst ging er weiter, doch schließlich wurde der Wind heftiger und der Sand traf ihn mit unangenehmer Härte. Also blieb er stehen und grub tief sich in den Boden ein, um den Sturm im Sand geschützt abzuwarten.

Während über ihm der Sturm toste, wurde T'lik'tik plötzlich klar, dass auch die Luft aus etwas bestehen musste: Wind konnte Sandkörner anheben und bewegen. Wenn Luft auch aus Körnchen bestand, dann mussten diese so winzig sein, dass man sie nicht sehen konnte. Trotzdem mochten sie in der Lage sein, ein Sandkorn oder sogar einen Stein zu bewegen, so wie ein großer Stein bewegt werden konnte, wenn man viele kleine Steine gleichzeitig gegen ihn warf. Luft füllte jeden freien Raum aus, der ihr nicht durch andere Objekte versperrt war. Als er überlegt hatte, dass es keine Dinge gab, die dünner und substanzloser wurden, hatte er nicht an Luft gedacht, aber wenn Luft aus zahllosen winzigen Körnchen bestand, die nicht miteinander verbunden waren, dann würden diese Körnchen sich einfach ausbreiten können, es mochte an einigen Orten auch weniger von ihnen geben, so wie die Luft im Hochgebirge dünner zu werden schien.

„Alles besteht aus Stein, das Große wie das Kleine, das Sichtbare wie das Unsichtbare", hieß es in dem Lehrgedicht, das er unter K'sul'kats Führung gelernt hatte, doch erst jetzt begriff er, wie umfassend dieser Vers zu verstehen war. Luft war nicht etwa ein Widerspruch zu dieser Idee, sondern schien sie geradezu zu bestätigen. T'lik'tik war sich sicher, dass die Weisen dies wussten; sie hatten mit ihm nie darüber gesprochen, vermutlich, damit er selbst diesen Gedanken entwickelte.

Die Ältesten hatten lange beraten und schließlich beschlossen, dass der Himmelsstein untersucht werden musste. Sie hatten T'lik'tik ausgewählt, den Schüler der Weisen. So hatte er die Siedlung in den Pr'Tak-Bergen verlassen und sich auf den langen Marsch durch die Rote Wüste gemacht, auf der Suche nach dem Himmelsstein. Was würde er herausfinden, wenn er ihn erreichte? T'lik'tik wartete ungeduldig darauf, dass der Sturm weiterzog.

****

Die Welt war Wasser. Natürlich war sie das.

Auf ihrem Weg durch das Weltenmeer hatte sSsuuaSsaaMmaNnaaee Zeit, nachzudenken.

Die Welt war vielfältig: Es gab das Wasser des Weltenmeeres, darin die Rheomorphen wie sie, Oktofische, Krabwürmer, Kelpwälder und Korralgen; darüber die Luft, in der Flederlinge flogen, und den Himmel, an dem die Sonne strahlte, aber sSsuuaSsaaMmaNnaaee war überzeugt, dass dahinter etwas Einheitliches stehen musste, eine Substanz, die allem zugrunde lag: Wasser. Wasser war wandelbar, Wasser war fließend. So, wie es die Substanz, aus der die Welt bestand, sein musste. Eine Strömung konnte sich teilen, Gischt konnte zum Himmel spritzen in immer feineren Tröpfchen, die so klein sein konnten, dass man sie nicht mehr sehen, wohl aber fühlen oder aufnehmen konnte.

Alles in der Welt bestand aus einer Substanz, die fließend war und alles formte, das erschien sSsuuaSsaaMmaNnaaee vollkommen klar. Die Alternative wäre zu seltsam: Dass es irgendwann nicht mehr möglich wäre, einen Wassertropfen zu teilen, sondern dass er auf irgendeine Weise unteilbar wäre. War es denkbar, dass ein solcher kleinster Tropfen auch durch eine beliebig große Kraft nicht mehr geteilt werden konnte?

Noch etwas anderes sprach dafür, dass man die Substanz, aus der die Welt bestand, immer weiter teilen konnte: Nichts in der Welt war scharf begrenzt. Über der Wasseroberfläche waren kleine Tropfen in der feuchten Luft, eine Rheomorphe wie sSsuuaSsaaMmaNnaaee schwamm durch das Weltenmeer und tauschte beständig Wasser mit ihm aus. Wenn die Welt aus unteilbaren Dingen bestünde, dann müssten alle Objekte eine scharfe, deutliche Grenze besitzen. Natürlich schien es bei einigen Objekten so zu sein – die Oberfläche eines Steins wirkte wie eine scharfe Grenze, doch auch der Stein wurde vom Wasser umspült und änderte, wenn auch langsam, seine Form. Wenn sSsuuaSsaaMmaNnaaee einen Stein mit ihren Fühlern umfloss, spürte sie eine raue Oberfläche, die von winzigen Rissen durchzogen war. Je genauer sie einen Stein untersuchte, desto weniger deutlich wurde seine Grenze.

Schräg unter sich sah sSsuuaSsaaMmaNnaaee eine andere Rheomorphe, die ein Netz geformt hatte und dabei war, Oktofische zu fangen. Höflich wartete sSsuuaSsaaMma-Nnaaee, bis die andere die Nahrungsaufnahme beendet hatte, und schwamm dann zu ihr.

„Ich habe dich hier noch nie gesehen. Ich bin lLiiaNneaa-WaSsea. Was tust du hier?"

„Ich bin sSsuuaSsaaMmaNnaaee. Ich will erkunden, was im Norden geschehen ist. Hast du es vor drei Tagen nicht gespürt?"

„Doch, natürlich. Eine Druckwelle, als wäre etwas Großes ins Weltenmeer gestürzt. Und natürlich das Licht am Himmel."

„Licht am Himmel? Davon habe ich gar nichts bemerkt."

„Ich schwamm nahe der Oberfläche und habe den Sonnenuntergang beobachtet. Die Sonne war gerade verschwunden, da sah ich das Licht im Norden. Es war nur ein kleiner Punkt, wie ein Stern, aber sehr hell, und es bewegte sich rasch nach unten. Wenig später spürte ich dann die Druckwelle."

„Und hast du kein Interesse daran, herauszufinden, was dahinter war?"

„Ein wenig. Aber hier sind die Fanggründe gut, und ich mag die warme Strömung."

„Ja, sehr angenehm. Wollen wir uns mischen?"

„Natürlich."

sSsuuaSsaaMmaNnaaee schwamm auf lLiiaNneaaWaSsea zu und sie flossen ineinander. Für eine Weile waren sie wie eine einzige große Rheomorphe, lLiiaNneaaWaSsea teilte ihre Erinnerungen mit ihr, während sSsuuaSsaaMmaNnaaee sie ihre Neugier spüren ließ. Schließlich trennten sie sich. lLiiaNneaaMmaNnaaee tauchte in die Tiefe, um sich in der warmen Strömung treiben zu lassen, während sSsuuaSsaa-WaSsea weiterzog.

Alles in der Welt war veränderlich und im Fluss. Wellen im Wasser hatten keinen Bestand, Strömungen veränderten sich, Oktofische wuchsen, Rheomorphe vermischten sich, um sich auszutauschen. Als sie noch sSsuuaSsaaMmaNnaaee gewesen war, gab es einen Teil von ihr, den das seltsame Ereignis im Norden nicht interessierte, so wie es einen Teil von lLiiaNneaaWaSsea gegeben hatte, der dorthin wollte. Nun hatten sie sich gemischt und ausgetauscht, und sSsuuaSsaa-WaSseas Neugier war größer als zuvor. Genau so, wie es bei ihr war, war es mit allem in der Welt: Wandel, Vermischung und die Anordnung zu etwas Neuem waren das, was allem in der Welt zugrunde lag. Wenn sie einen Oktofisch fraß, wurde dieser zu einem Teil von ihr, wenn sie sich zum Ruhen auf den Boden des Weltenmeeres legte, verlor sie Wasser und verdichtete sich, um später wieder anzuschwellen, wenn ihre Ruhe beendet war. Die Substanz, aus der die Welt bestand, musste diese Veränderungen ermöglichen, sie musste sich vermischen können und ständig im Fluss sein.

Das UI-TE-RANGIORA-Programm

Science News Network Featured Article, 31.7.2119

Der UN-Wissenschaftsrat hat in seiner heutigen Sitzung die Förderung eines Programms zur Erkundung der Milchstraße beschlossen, das für mehr als hunderttausend Jahre konzipiert ist.

Im Programm UI-TE-RANGIORA sollen Sonden die Galaxis nach Exoplaneten absuchen, geeignete Systeme erreichen und sich dort selbst replizieren, um schließlich innerhalb von etwa 210.000 Jahren nahezu alle Sonnensysteme der Galaxis mit erdähnlichen Planeten zu erreichen.

Die Sonden sollen mit dem neuartigen Brahms-Drive angetrieben werden, der Geschwindigkeiten von bis zu 80 % der Lichtgeschwindigkeit ermöglicht. Eine erste Sonde mit einem solchen Antrieb hat vor knapp zehn Jahren für Aufsehen gesorgt, als sie das Exoplanetensystem des etwa acht Lichtjahre entfernten Sterns Wolf 359 erreichte und dort Anzeichen für primitives außerirdisches Leben entdeckte.

Der Name UI-TE-RANGIORA steht für *Unsupervised Investigation of Terrestrial Exoplanets using Replicating Autonomous von Neumann probes for Galactic Interstellar Observation, Research and Analysis* (nicht überwachte Untersuchung terrestrischer Exoplaneten durch replizierende autonome von-Neumann-Sonden zur galaktischen interstellaren Beobachtung, Erforschung und Analyse). Das Programm wurde nach dem polynesischen Entdecker Ui-Te-Rangiora benannt, der im 7. Jahrhundert Entdeckungsreisen unternahm und dabei sogar die Antarktis erreichte.

Das Programm hat einen gewaltigen Umfang, bei dem schließlich einige Hundert Millionen Sonden die Galaxis durchqueren sollen. Die Kosten des Programms sind trotzdem begrenzt, da nur fünf Sonden gestartet werden sollen, die innerhalb von acht bis dreizehn Jahren verschiedene Sonnensysteme in der Nähe der Erde erreichen sollen, bei denen

Exoplaneten bekannt sind. Mithilfe der dort vorhandenen Ressourcen werden die Sonden dann weitere Sonden konstruieren, die sich schließlich über die Galaxis ausbreiten werden. Die Sonden vermehren sich also selbst und werden deshalb auch als von-Neumann-Maschinen bezeichnet, nach dem Mathematiker John von Neumann, der als Erster die Möglichkeit sich selbst replizierender Maschinen untersuchte. Die Sonden tauschen dabei ihre Beobachtungsdaten miteinander und mit der Erde aus.

Menschenrechtsverbände äußerten Bedenken, dass die Sonden die Entwicklung fremder Zivilisationen beeinflussen könnten. „Was wäre auf der Erde geschehen, wenn vor fünfhundert oder fünftausend Jahren eine außerirdische Sonde gelandet wäre? Wie hätte das die Entwicklung unserer Zivilisation verändert?", fragt etwa Maria Helena Acosta, Sprecherin der Humanistischen Vereinigung Südamerikas.

Die Initiatoren haben jedoch darauf hingewiesen, dass das Programm langfristig darauf ausgelegt ist, die Galaxis zu schützen. Die Sonden sollen nicht nur den viel diskutierten sogenannten DAMNATION-Effekt untersuchen, sondern auch außerirdische Intelligenzen auf diese prinzipielle Bedrohung aufmerksam machen. „Der DAMNATION-Effekt bedroht möglicherweise sämtliches Leben in unserer Galaxis", sagt Lekysha Gumende, Vorsitzende des UN-Wissenschaftsrats. „Wir hoffen, dass es uns gelingt, unser Wissen an andere entwickelte Kulturen weiterzugeben und dass so vielleicht ein Weg gefunden werden kann, die Galaxis langfristig zu schützen." Zu diesem Zweck wurde das PALADIN-Projekt ins Leben gerufen. ...

2

Licht

Es war nicht leicht gewesen, den Weg zum Himmelsstein zu finden. T'lik'tik und die anderen Steinlinge hatten den herabschwebenden Himmelsstein ja nur kurz beobachten können. Mithilfe der Sonne hatte er versucht, die Richtung zu halten, so gut es eben ging, aber nachdem er einige Tage durch die Rote Wüste marschiert war, hatte T'lik'tik zu zweifeln begonnen, dass er den richtigen Weg gewählt hatte.

Schließlich war die Wüste wieder rauer geworden, mit Hügeln und schroffen Klippen, die aus dem Sand ragten, bis er den südlichen Wall erreicht hatte. Für einen Steinling war es natürlich ein Leichtes gewesen, eine solche Klippe zu erklimmen, seine acht Beine gaben ihm Halt, während er mit den Kopftentakeln nach Vorsprüngen getastet hatte, an denen er sich festhalten konnte. Es hatte nicht lange gedauert, und er hatte die Spitze einer Klippe erreicht, um über das Land zu schauen.

Hinter ihm lag die Rote Wüste, begrenzt von einer dunklen, in der heißen, flimmernden Luft kaum auszumachenden Linie, wo die Wohnklippen lagen, von denen er

© Der/die Autor(en), exklusiv lizenziert an Springer-Verlag GmbH, DE, ein Teil von Springer Nature 2023
M. Bäker, *Das Quantenrätsel*,
https://doi.org/10.1007/978-3-662-67299-0_2

aufgebrochen war. Vor ihm fiel das Land ab. Grünblaue Inseln aus Stachelhalmen durchbrachen die eintönige Sandfläche, zunächst nur wenige, doch je weiter er sah, um so mehr wurde das Land durch die hohen, stachelbewehrten Halme dominiert. Und dort, inmitten dieser flachen Steppenlandschaft, sah er ihn aufragen wie einen strahlend weißen Monolithen: den Himmelsstein.

T'lik'tik schätzte die Höhe des Himmelssteins auf dreißig seiner Körperlängen. Er war weiß, geformt wie ein Kegel mit einer stumpfen, abgerundeten Spitze. T'lik'tik füllte in den Klippen seine Felsmoos-Vorräte auf und zog weiter, nun mit einem klaren Ziel vor den Vorderaugen.

Aus der Nähe erschien der Himmelsstein noch seltsamer: Das weiße Material seiner Oberfläche war T'lik'tik unbekannt. Es fühlte sich kühl und vollkommen glatt an und spiegelte das Sonnenlicht matt wider. Der Himmelsstein stand tief eingedrückt auf dem Steppenboden, und es war T'lik'tik nicht möglich, unter den Stein zu gelangen, um zu sehen, woher das Feuer gekommen war.

Enttäuscht senkte T'lik'tik den Kopf. War er deswegen durch die Wüste gelaufen? Nur um am Ende vor einem weißen, glatten Felsen zu stehen, der keines seiner Geheimnisse preisgab? Vielleicht gab es auf der anderen Seite einen Weg, unter den Himmelsstein zu gelangen? Langsam ging T'lik'tik um den Himmelsstein herum, in der Hoffnung, eine Lücke zu finden, durch die er sich zwängen oder zumindest einen Tentakel stecken konnte.

Er war so auf den Boden konzentriert, dass er das Licht fast übersehen hätte, aber als er den Blick hochnahm, war es deutlich zu erkennen: Ein rechteckiger Bereich, etwa eine Körperlänge hoch und breit, begann schwach aufzuleuchten, änderte seine Farbe von starkviolett nach tiefrot und erlosch wieder. Kurze Zeit später begann das Leuchten von Neuem. Der leuchtende Bereich war von einer sehr feinen Linie abgegrenzt. Fast in der Mitte des Rechtecks, leicht nach links versetzt, saß eine kleine, dunkle Erhebung, wie ein quadratischer Stein. Eine Linie lief von diesem Stein aus nach rechts.

Vorsichtig tastete T'lik'tik den Rand des Rechtecks ab. Er fühlte sich zunächst genauso glatt an wie der Rest des Himmelssteins, doch mit der äußersten Spitze eines Kopftentakels spürte er ihn wie eine kleine Vertiefung in der weißen Fläche. Auch die Linie in der Mitte des Rechtecks fühlte sich so an. T'lik'tik tastete nach dem kleinen Stein. Er ragte ein wenig aus der Wand heraus und zu seiner Überraschung ließ er sich, gegen einen anfänglichen Widerstand, entlang der Linie verschieben.

T'lik'tik schob den Stein nach rechts und spürte, wie dieser schließlich am rechten Ende einrastete. Ein leises, klickendes Geräusch ertönte. Verblüfft sah T'lik'tik, wie das rechteckige Stück der Wand sich nach hinten und zur Seite bewegte und einen Raum freigab.

Er erstarrte, denn plötzlich wurde ihm klar, was er die ganze Zeit hätte wissen müssen: Der Himmelsstein war kein natürliches Objekt, er war eben kein Stein, der vom Himmel gefallen war, sondern ein gemachtes Ding wie ein Grabstock oder eine Vorratshütte im Dorf. Auch wenn T'lik'tik sich nicht vorstellen konnte, wie ein so gigantisches Objekt gebaut sein konnte, musste es so sein.

Vor T'lik'tik lag ein länglicher, schmaler Raum mit weißen Wänden. Es war hell im Inneren des Himmelssteins, ein diffuses Licht schien von der Decke und erleuchtete den Raum gleichmäßig. T'lik'tik tastete mit seinen Tentakeln über die Schwelle und ging langsam in den Raum hinein, während er mit seinem Rückauge die Türöffnung beobachtete. Er zögerte ein wenig, bevor er auch mit dem letzten Beinpaar über die Schwelle ging, aus Angst, die Tür könnte sich hinter ihm schließen. Doch es geschah nichts.

Am Ende des Raums sah T'lik'tik eine weitere rechteckige Linie, vermutlich die Tür in den nächsten Raum. Zu seiner

Rechten war die Wand leer, in der linken Wand befanden sich drei rechteckige Öffnungen, in die er hineinsehen konnte.

An der linken Seite der ersten Öffnung sah er ein längliches, zylindrisches Objekt, das an der rechten Seite spitz zulief und auf der Oberseite in der Mitte eine kleine Erhebung besaß. Daneben, etwa in der Mitte, stand eine glänzende Platte, auf die er von der Seite schaute und die einen Teil der Öffnung widerspiegelte wie ein Spiegel. Als T'lik'tik sie ertasten wollte, stießen seine Tentakel auf ein unsichtbares Hindernis. Anscheinend war die Öffnung mit einem Material verschlossen, das er zwar fühlen, aber nicht sehen konnte. Natürlich waren ihm durchsichtige Materialien nicht fremd – ein Bergkristall oder Kalkspat konnte durchsichtig sein, aber man konnte ihn immer noch erkennen. Dieses Material allerdings schien so durchsichtig zu sein, dass es unsichtbar war (Abb. 2.1).

Am unteren Rand der Öffnung waren zwei kleine Steine befestigt, ähnlich wie der, mit dem er die Tür geöffnet hatte.

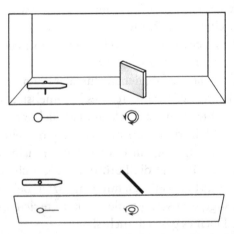

Abb. 2.1 Erster Raum, erste Öffnung, Frontalansicht und Aufsicht

Vom linken der beiden ging eine Linie nach rechts, entlang derer T'lik'tik den Stein verschieben konnte. Zu T'lik'tiks Überraschung begann die Erhebung auf der Oberseite des Zylinders zu leuchten, ansonsten geschah nichts weiter.

T'lik'tik griff nach dem zweiten Stein in der Mitte, direkt unterhalb des Spiegels. Dieser ließ sich nicht verschieben, konnte aber gedreht werden, und mit ihm drehte sich der Spiegel.

Plötzlich sah er mit seinem Rückauge einen violetten Lichtpunkt an der Wand hinter sich, der sich bewegte. Er drehte den Stein und damit die Platte weiter, bis der Lichtpunkt direkt in sein linkes Vorderauge fiel. Das Licht kam von der Platte und T'lik'tik sah, dass sie die Spitze des Zylinders widerspiegelte, die hell leuchtete. Es war also der Zylinder, der das Licht erzeugte. Nicht nur die kleine Erhebung an der Oberseite leuchtete, sondern er erzeugte einen weiteren Lichtstrahl, der aus der Spitze austrat. T'lik'tik schob den linken Stein nach links, das Licht erlosch und die Erhebung auf der Oberseite wurde dunkel. Wenn er den Stein wieder nach rechts schob, erschien das Licht wieder.

T'lik'tik war verwirrt. Mit dem linken der beiden Steine konnte er das Licht entzünden und wieder löschen, mit dem rechten konnte er den Spiegel drehen und das Licht durch den Raum lenken, so viel hatte er verstanden. Welchen Sinn mochte diese Anordnung haben? Offenbar waren die Erbauer des Himmelssteins in der Lage, Dinge zu bauen, die T'lik'tik sich nicht einmal hatte vorstellen können: geheimnisvolle Türen, die sich öffneten, wenn man einen Stein verschob, Lichtquellen, die nicht aus Feuer bestanden, und natürlich den gewaltigen Himmelsstein selbst, der vom Himmel herabschweben konnte. Was sie damit bezweckten, im Himmelsstein eine Lichtquelle und einen Spiegel in dieser Weise anzuordnen, blieb rätselhaft. Vielleicht würde die zweite Öffnung mehr Aufschluss geben?

Als T'lik'tik sich diese anschaute, war er enttäuscht. Wieder gab es auf der linken Seite den Zylinder mit einem Stein darunter, aber diesmal befand sich in der Mitte kein Spiegel. Stattdessen war rechts ein kleiner, eckiger Kasten befestigt. Zusätzlich gab es in der Mitte, außerhalb des Lichtwegs, eine schwarze Wand, ebenfalls mit einem Stein davor. T'lik'tik schob den linken Stein zur Seite. Die Erhebung auf dem Zylinder leuchtete auf und der Kasten auf der rechten Seite wurde hell. T'lik'tik schob den Stein wieder nach links und der Kasten wurde dunkel. Schob T'lik'tik den Stein wieder nach rechts, kam das Leuchten wieder zurück. Wenn dieser Zylinder funktionierte wie der vorige und Licht aussandte, dann leuchtete der Kasten rechts anscheinend auf, wenn er vom Licht getroffen wurde, das aus der Spitze des Zylinders ausgesandt wurde (Abb. 2.2).

T'lik'tik bewegte den mittleren Stein, der die schwarze Wand in den Lichtweg schob. Der Kasten auf der rechten Seite blieb dunkel, leuchtete aber wieder auf, sobald er die Wand aus dem Weg herausschob. Das war wenig überraschend; die Wand ließ einfach kein Licht hindurch. T'lik'tik ging weiter.

Die dritte Öffnung am Ende des Raums enthielt ebenfalls links einen Zylinder und auf der rechten Seite einen weiteren dunklen Kasten. In der Mitte war ein Spiegel befestigt, der schräg zur Lichtquelle orientiert war. Unter der

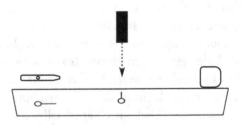

Abb. 2.2   Erster Raum, zweite Öffnung, Aufsicht

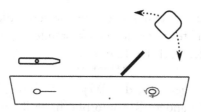

Abb. 2.3 Erster Raum, dritte Öffnung, Aufsicht

Öffnung gab es links, wie er es nicht anders erwartet hatte, einen Stein, den er nach rechts schieben konnte. Ein weiterer Stein befand sich auf der rechten Seite. Als er ihn drehte, drehte sich nicht, wie er erwartet hatte, der Spiegel, sondern der schwarze Kasten auf der rechten Seite, wobei er sich so drehte, dass immer dieselbe Seite dem Spiegel zugewandt war (Abb. 2.3).

T'lik'tik überlegte. Wenn tatsächlich ein Lichtstrahl aus dem Zylinder an der linken Seite trat, würde er vom Spiegel reflektiert werden. T'lik'tik drehte so lange am rechten Stein, bis der schwarze Kasten die richtige Position erreicht hatte, rechtwinklig zum Weg des Lichts vom Zylinder zum Spiegel. Triumphierend stampfte er mit dem vorderen Beinpaar auf, als der Kasten aufleuchtete.

Noch etwas anderes geschah: Das rechteckige Stück der Wand am Ende des Raums begann aufzuleuchten. Es wurde heller, bis es sich ein Stück nach hinten verschob und einen weiteren Zugang öffnete.

Auch wenn T'lik'tik den Sinn des Himmelssteins nicht verstand, wurde doch langsam deutlich, was dieser Raum bezweckte: Wer durch die Tür am Ende des Raums gehen wollte, musste zuvor eine Aufgabe lösen. Am Eingang des Himmelssteins hatte er nur den kleinen Stein verschieben müssen, in diesem Raum war die Aufgabe schwieriger gewesen. Vielleicht war es eine Art Prüfung, so wie die Weisen ihn prüften, indem sie ihm Rätsel stellten oder ihm auftrugen,

Lehrreden zu verfassen. Diese erste und vermutlich einfachste Prüfung hatte er anscheinend bestanden. Gespannt ging T'lik'tik in den nächsten Raum.

****

Es war leicht gewesen, den Weg in Richtung Norden zu finden – eine andere Rheomorphe hatte ihr noch einmal den Weg gewiesen, und dann bemerkte sie im Wasser einen ungewöhnlichen Geschmack, dem sie leicht folgen konnte. Dass sie am Ziel angekommen war, war offensichtlich: Ein so merkwürdiges Gebilde hatte sSsuuaSsaaWaSsea noch nie zuvor gesehen. Es ragte vom Meeresboden auf, wo es eine Korralgen-Kolonie unter sich begraben hatte, wie ein gigantischer Monolith, aber es war glatt, weiß und hatte eine regelmäßige Form.

sSsuuaSsaaWaSsea schwamm um den Monolithen herum und sah, dass er an einer Stelle zu leuchten begann. Das Licht wechselte die Farbe, erlosch nach einiger Zeit wieder und begann von neuem. Sie bildete einen besonders feingliedrigen und empfindlichen Fühler, um die Oberfläche abzutasten. Sie fühlte sich vollkommen glatt an und schien überall identisch zu sein, nur in der Mitte der leuchtenden Fläche sah sie eine Erhebung, die sich in einer dünnen Vertiefung befand. Als sSsuuaSsaaWaSsea sie verschob, schrak sie zurück, denn der leuchtende Bereich bewegte sich plötzlich und gab eine Art Höhle frei. Sie schoss davon, mit vier hastig gebildeten Flossen schlagend, den Monolithen im Auge behaltend. War es eine Mundöffnung und der Monolith eine sehr seltsame Art von Tier? Im Inneren des Monolithen leuchtete es, wie es viele Meerestiere auch taten.

sSsuuaSsaaWaSsea hielt schließlich inne, denn sie merkte, dass der Monolith nicht reagierte und keine Anstalten machte, sie zu jagen. Er lag so ruhig da wie zuvor, nur jetzt mit einer Höhlenöffnung in der Seite. Vorsichtig schwamm sie wieder näher, die Flossen in Bereitschaft, um schnell fliehen zu können. Das Wesen rührte sich nicht. Hatte sie es im Schlaf gestört, und es hatte sein Maul – falls es ein Maul war – reflexhaft geöffnet? Noch einmal schwamm sie um das Wesen herum. Es hatte keine Augen, überhaupt keine sichtbaren Sinnesorgane und auch keine Flossen. Seine harte Oberfläche schien auch nicht wandelbar zu sein wie der Körper einer Rheomorphe.

Schnell an der Höhle vorbeischwimmend, spähte sie hinein: Sie leuchtete und hatte eine eckige Form, wie sie sie noch nie bei einem Lebewesen gesehen hatte. Manche Tiere besaßen regelmäßig geformte Schalen, aber auch diese hatten nicht so exakt gleiche Winkel wie die Höhle.

Der Gedanke an Schalen brachte sie auf eine Idee. Eine Pharetria konnte mit ihren Kopfzangen Steine sammeln und miteinander verkleben, um sich einen Panzer zu schaffen, in dem sie sich vor Feinden verkriechen konnte. (Gegen eine hungrige Rheomorphe mit Appetit auf Pharetria-Fleisch half dies natürlich nur wenig.) Ein solcher Panzer war manchmal größer als die Pharetria selbst. Vielleicht war der Monolith etwas Ähnliches? Eine Art Panzer, den ein Lebewesen gebaut hatte, um sich in seinem Inneren zu schützen? Dann blickte sie nicht in ein Maul, sondern möglicherweise in eine Wohnkammer.

Angesichts des riesigen Monolithen erschien es andererseits seltsam, dass eine so kleine Kammer das Lebewesen beherbergen konnte, das ihn gebaut hatte. Vielleicht war die Kammer eine Art Eisack oder etwas Ähnliches, in dem die Nachkommen heranwuchsen und in die sie zurückkehrten, wenn Gefahr drohte? Das würde zumindest erklären, warum sich die Höhle geöffnet hatte, als sSsuuaSsaaWaSsea den kleinen Stein bewegt hatte.

sSsuuaSsaaWaSsea kämpfte mit sich. Sollte sie die Höhle erkunden, um herauszufinden, welche Art Lebewesen den Monolithen geschaffen hatte? Natürlich war es gefährlich, aber es schien ihr wichtig, mehr herauszufinden. Was wäre, wenn weitere solche Gebilde vom Himmel fielen, so wie dieses es getan hatte? Vielleicht auch dort, wo sich gerade Rheomorphe aufhielten?

Sie formte drei Saugnäpfe, um sich an der Oberfläche des Monolithen zu verankern, falls etwas versuchen würde, sie hineinzuziehen. Dann bildete sie ein Auge am Ende eines Fühlers aus und streckte dieses in die Kammer. Zur Linken sah sie drei Öffnungen. Die Art, wie das Licht an den Kammern gebrochen wurde, deutete darauf hin, dass sie mit Luft gefüllt waren. Wie die Luftblasen dort gehalten wurden, konnte sie nicht erkennen. Waren das möglicherweise die Plätze, in denen die Eier oder Larven ruhten, die diese Kammer bewohnten? Ansonsten war die Kammer leer, mit glatten Wänden aus demselben Material wie der Monolith. Das Licht kam von der Decke und erhellte die Kammer gleichmäßig. Als sie das Auge so weit gestreckt hatte, wie es nur ging, sah sie an der Rückseite der Kammer eine weitere Linie, genau wie die, die den Höhleneingang umschlossen hatte. Vielleicht gab es ein ganzes System von Kammern? Die hintere Kammer hatte allerdings keinen Stein in der Mitte, sodass sie wohl nicht zu öffnen war.

sSsuuaSsaaWaSsea zog ihr Auge langsam zurück und blickte dabei in die Öffnungen. Sie waren nahezu leer, doch am Boden befanden sich merkwürdige Kästen, Zylinder und spiegelnde Platten in unterschiedlichen Anordnungen. Sie wollte ihr Auge in eine Öffnung hineinstecken, stieß jedoch auf ein unsichtbares Hindernis, durchsichtig wie eine Platte aus Eis, aber nicht kalt. Unter den Öffnungen gab es Steine, die dem ähnelten, mit dem sie die Höhle geöffnet hatte. Vielleicht konnten die Larven, wenn sie in die Kammer zurückschwammen, damit die Hindernisse vor den Öffnungen beseitigen, sodass sie in ihre Kammern gelangen konnten?

Sie zog ihr Auge weiter zurück, bildete mit der freigewordenen Substanz einen Fühler und bewegte damit einen der beiden Steine unter der ersten Öffnung. Eine kleine Erhebung an der Oberseite des Zylinders begann zu leuchten.

Schob sie den Stein nach links, wurde sie wieder dunkel, schob sie ihn nach rechts, leuchtete sie auf. Sie bewegte den zweiten und sah, wie die spiegelnde Platte sich bewegte und Licht in die Kammer spiegelte, das von der Vorderseite des Zylinders ausgesandt wurde. Der Zylinder erzeugte also Licht, nicht nur in der Erhebung an seiner Oberseite, sondern auch einen Strahl, der vorn austrat.

sSsuuaSsaaWaSsea kannte unterschiedliche Lebewesen, die Licht erzeugen konnten, besonders in den lichtlosen Tiefen des Weltenmeeres. War der Zylinder oder alles in der Öffnung ein solches Tier, das durch den Stein irgendwie zum Leuchten angeregt wurde?

Sie streckte sich weiter, verschob den linken Stein unter der zweiten Öffnung und zog ihren Fühler zurück, als plötzlich der Kasten auf der rechten Seite der Öffnung aufleuchtete.

sSsuuaSsaaWaSsea musste eine Entscheidung treffen: Noch weiter konnte sie sich nicht in die Kammer strecken, ohne den Höhleneingang zu verlassen. Sie bildete vorsichtshalber zwei starke Flossen aus, mit denen sie im Notfall davonschießen konnte, und schwamm in die Kammer hinein.

Sie verschob den Stein, der zu der schwarzen Wand gehörte, was die Wand bewegte und den Lichtweg unterbrach, verstand aber nach wie vor nicht, was sie hier eigentlich sah. Welche Funktion konnte ein solcher Kasten oder eine verschiebbare Wand haben? Welches Tier würde derart seltsame Strukturen ausbilden?

Unter der dritten Öffnung befanden sich wieder zwei Steine. Sie schob den ersten nach rechts und bewegte dann den zweiten. Zu ihrer Überraschung bewegte sich der Kasten. Als er eine Position hinten in der Öffnung erreicht hatte, dort, wo das Licht ihn treffen konnte, begann er zu leuchten. Die Fläche am hinteren Ende der Kammer leuchtete ebenfalls und gab den Weg in die nächste Kammer frei.

Supernovae

```
Mail
From: Supernovae Early warning System
To: snews-list
Subject: SNEWS ALARM Level GOLD
------------------------------------------------
***  SNEWS ALARM ***
Koinzidenzwertung: GOLD

Alarmmeldungen in der Koinzidenz:
Experiment: 6 IceCube Gen-2
Level: OVERRIDE
Zeit: Dez 08 2035 17:23:15.1
Dauer:    11,3
Anzahl Signalereignisse:    43
Rektaszension:    0,7
Deklination:    41,3
------------------------------------------------
Experiment: 1 Hyper-K
Level: OVERRIDE
Zeit:  Dez 08 2035 17:23:16.7
Dauer:    13,4
Anzahl Signalereignisse:    25
Rektaszension:    0,6
Deklination:    41,6
```

Science News Network, 9.12.2035

Supernova in der Andromeda-Galaxie entdeckt

Astronomen haben in der Andromeda-Galaxie in 2,5 Mio. Lichtjahren Entfernung eine Supernova entdeckt. Die Sternexplosion mit der Bezeichnung SN2035eex befindet sich in unmittelbarer kosmischer Nachbarschaft zu den Überresten einer früheren Supernova aus dem Jahr 1885, die als SN1885A bezeichnet wird.

Eine Supernova ist eine Sternexplosion, bei der sich die Helligkeit eines Sterns drastisch erhöht. Die Supernova

SN2035eex ist so hell, dass sie trotz der großen Entfernung bereits mit einem einfachen Fernglas sichtbar ist. Sie wurde zuerst durch die ausgesandten Neutrinos entdeckt, die von zwei Detektoren in Japan und der Antarktis gemessen und mithilfe des „Supernova Early Warning Systems" (Supernova-Frühwarnsystem) SNEWS sofort weltweit verbreitet wurden. Dadurch konnten verschiedene Teleskope auf die Andromeda-Galaxie ausgerichtet werden und das Ereignis so im Detail beobachten.

Sichtbare Supernova-Ausbrüche sind seltene Ereignisse. „Ein Zusammentreffen von zwei Supernovae innerhalb von etwa 150 Jahren in geringem Abstand zueinander erscheint ungewöhnlich", kommentierte Enrico Tuzi, ein Astrophysiker der Universität Padua, das Ereignis. „Trotzdem gehen wir davon aus, dass es sich um einen Zufall handelt, denn wir kennen keinen Mechanismus, der so etwas bewirken könnte."

Science News Network, 12.5.2036
Neues Rätsel in unserer Nachbargalaxie: veränderlicher Riesenstern entdeckt
Ein ungewöhnlicher veränderlicher Stern wurde in der Umgebung der Supernova SN1885A und der kürzlich entdeckten Supernova SN2035eex in der Andromeda-Galaxis beobachtet. Der Stern erhielt die Bezeichnung Moody's Eye, benannt nach einem Charakter aus der Romanserie „Harry Potter".

Frühere Beobachtungen des Sterns zeigen einen stabilen blauen Riesenstern, der etwa die dreißigfache Masse unserer Sonne besitzt. Neuere Daten dagegen zeigen eine ungewöhnliche Pulsation des Sterns mit einer Periode von 41 Tagen. Obwohl der Verdacht naheliegt, die Pulsation des Sterns könne durch die Nähe zu den Supernovae verursacht worden sein, gibt es bisher keine schlüssige Erklärung für das Phänomen.

Science News Network, 3.4.2041

Supernova-Kette stürzt Astronomie in eine Krise

Eine kürzlich entdeckte Supernova in der Andromeda-Galaxie stürzt die aktuelle Astronomie in eine Krise. Die Supernova, eine Sternexplosion mit hoher Energie, wurde in unmittelbarer Nähe zweier vergangener Supernovae aus den Jahren 1885 und 2035 beobachtet.

Das astronomische Rätsel wird dadurch weiter vergrößert, dass im Jahr 2036 in der kosmischen Nachbarschaft der Supernovae ein blauer Riesenstern beobachtet wurde, der innerhalb kurzer Zeit begann, seine Leuchtkraft regelmäßig zu ändern und zu pulsieren.

Die Abstände der Sterne zueinander genau zu bestimmen, ist nicht möglich, da ihre Entfernung nicht genau bekannt ist. „Drei Supernovae in direkter Nachbarschaft zueinander können kaum Zufall sein. Wir gehen deshalb davon aus, dass die Sterne sich in einem Abstand befinden, der es erlaubt, dass sich ein physikalischer Effekt zwischen ihnen ausbreitet", sagt Kalani Akana, Direktorin des Astronomischen Instituts der Universität Hawaii. „Wir haben allerdings keine Idee, wie sich Supernovae gegenseitig auslösen könnten."

Zahlreiche Forschungsgruppen arbeiten derzeit daran, das Geheimnis der Supernova-Kette zu entschlüsseln.

3

Zufall

Wenn T'lik'tik erwartet hatte, er würde dem Geheimnis des Himmelssteins in diesem Raum näher kommen, wurde er enttäuscht. Der Raum war nahezu identisch zum vorigen, mit fünf Öffnungen auf der linken Seite und einer weiteren verschlossenen Tür am Ende.

Wie erwartet, enthielt die erste Öffnung auf der linken Seite einen Zylinder mit einem Stein darunter, auf der rechten wieder einen Kasten. Der Stein unter dem Zylinder sah aus wie vorher, aber die Linie, auf der er sich bewegen ließ, war durch zwölf senkrechte Striche unterbrochen. T'lik'tik schob den Stein ganz nach rechts und spürte bei jedem der senkrechten Striche einen kleinen Widerstand. Die Erhebung oben auf dem Zylinder leuchtete auf, ebenso der Kasten auf der rechten Seite (Abb. 3.1).

Bis auf die senkrechten Striche schien nichts diese Anordnung von der im vorigen Raum zu unterscheiden. T'lik'tik schob den Stein wieder nach links, bis er in einer mittleren Position einrastete. Seltsamerweise begannen sowohl die Erhebung auf dem Zylinder als auch der Kasten regelmäßig

© Der/die Autor(en), exklusiv lizenziert an Springer-Verlag GmbH, DE, ein Teil von Springer Nature 2023
M. Bäker, *Das Quantenrätsel*,
https://doi.org/10.1007/978-3-662-67299-0_3

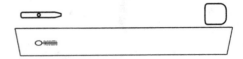

Abb. 3.1 Zweiter Raum, erste Öffnung, Aufsicht

zu flackern. Als T'lik'tik den Stein noch weiter nach links schob, wurde das Flackern langsamer, Erhebung und Kasten leuchteten kurz auf und wurden wieder dunkel. Je weiter T'lik'tik den Stein nach links schob, desto mehr Zeit verging zwischen dem Aufleuchten von Erhebung und Kasten.

Mithilfe des Steins konnte T'lik'tik offenbar steuern, in welchem Takt der Zylinder Licht aussandte. War es in der ersten Position ein Aufleuchten etwa alle vier Tentakelschläge, waren es in der zweiten zwei, dann vier, acht, sechzehn, bis T'lik'tik sie nicht mehr unterscheiden konnte und der Kasten permanent leuchtete. Die Erhebung auf dem Zylinder diente offensichtlich dazu, anzuzeigen, wann Licht ausgesandt wurde. Das war alles einfach und einleuchtend – wenn es sich wirklich um ein Rätsel handelte, dass die Erbauer des Himmelssteins ersonnen hatten, erschien es T'lik'tik sehr einfach und leicht zu durchschauen.

Die Anordnung in der zweiten Öffnung ähnelte ebenfalls einer, die T'lik'tik schon kannte. Natürlich gab es auf der linken Seite die Lichtquelle, darunter wieder den Stein und die Linie mit den zwölf Strichen. Diesmal gab es allerdings zwei Kästen und in der Mitte der Öffnung wieder einen Spiegel, der allerdings etwas anders aussah als zuvor, er wirkte blasser und war ein wenig durchscheinend (Abb. 3.2).

Zu den beiden Kästen gab es zwei Steine, an denen er drehen konnte, um sie zu verschieben. Er drehte den ersten Stein, bis der Kasten in der hinteren Position war, sodass das Licht aus der Lichtquelle ihn über den Spiegel erreichen

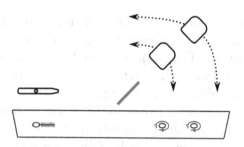

Abb. 3.2 Zweiter Raum, zweite Öffnung, Aufsicht

konnte. Sobald er den Stein unter der Lichtquelle nach rechts schob, begann der Kasten zu leuchten.

Unschlüssig drehte T'lik'tik am zweiten Stein, der den zweiten Kasten bewegte. Dieser war etwas weiter vom Spiegel entfernt. T'lik'tik bewegte ihn ebenfalls nach hinten, so dass Licht aus dem Spiegel ihn treffen könnte, aber nichts passierte. Wie auch? Der erste Kasten war schließlich im Weg und blockierte das Licht. T'lik'tik drehte den ersten Kasten in eine andere Position. Wie erwartet, erlosch dieser, dafür begann der zweite Kasten zu leuchten.

Gab es eine andere Position, an der Licht in den Kasten treffen konnte? Vielleicht hatte es etwas damit zu tun, dass der Spiegel ein wenig durchscheinend gewirkt hatte? Konnte Licht den Spiegel auch durchqueren? T'lik'tik bewegte den Kasten, bis er der Lichtquelle genau gegenüber lag. „Yizkay!", entfuhr ihm ein Triumphschrei, denn der Kasten begann zu leuchten. Das Licht aus der Quelle wurde also am Spiegel, den T'lik'tik deswegen für sich als Teiler bezeichnete, geteilt, und entsprechend erreichte Licht beide Kästen.

Doch was würde passieren, wenn T'lik'tik den Stein nach links schob? Würde sich das Licht auch dann noch teilen lassen, wenn der Stein in einer der ersten Positionen war, wo nur sehr wenig Licht ausgesandt wurde? Zu T'lik'tiks großer Befriedigung war das nicht der Fall: Wenn der Stein so weit nach links geschoben war, dass er deutlich erkennen konnte, wie die Erhebung am Zylinder aufleuchtete und wieder dunkel wurde, leuchtete mal der eine, mal der andere Kasten, aber nie beide gleichzeitig.

Es schien so zu sein, als bestünde das Licht aus dem Zylinder tatsächlich aus kleinen, unteilbaren Stücken, aus Körnchen. Bei jedem Aufleuchten des Zylinders wurde genau ein solches Körnchen ausgesandt. Wenn dieses Körnchen den Spiegel traf, wurde es entweder durchgelassen und gelangte zum rechten Kasten, oder es wurde zum anderen Kasten reflektiert. Beide Kästen gleichzeitig konnten nicht leuchten, sondern immer nur einer von ihnen. Was würden die Weisen sagen, wenn er ihnen davon berichtete? Der Himmelsstein schien zu beweisen, was sie immer vermutet hatten, er zeigte, dass Licht sich so verhielt, wie die Weisen es immer angenommen hatten. Licht bestand aus unteilbaren Stücken, aus Körnchen. Die Welt war Stein, in der Tat.

Für eine Weile hing T'lik'tik seinen Gedanken an das Dorf und die Weisen nach und stellte sich vor, wie D'pit'rag ihn für seine sorgfältigen Überlegungen loben würde. Das rhythmische Flackern aus der Öffnung lenkte seinen Blick schließlich wieder auf die beiden Kästen. Plötzlich wurde ihm klar, dass er zwar ein Rätsel gelöst hatte, dass dafür aber ein anderes entstanden war: Wodurch entschied sich, ob ein Lichtkörnchen vom Teiler durchgelassen oder reflektiert wurde? Er beobachtete die Öffnung eine Weile, konnte aber kein System, keine Reihenfolge entdecken: durchgelassen, reflektiert, reflektiert, reflektiert, durchgelassen, durchgelassen, reflektiert, reflektiert, durchgelassen, durchgelassen, reflektiert, durchgelassen.

Gab es irgendeinen Mechanismus dahinter, der entschied, welches Körnchen welches Schicksal erleiden würde? Unterschieden sich die Körnchen schon von vornherein in irgendeiner Weise, die er nicht beobachten konnte? Oder war es reiner Zufall, der entschied, was am Teiler passierte? Nachdem T'lik'tik noch eine Weile auf die Öffnung gestarrt hatte, gab er die Überlegung schließlich auf und ging weiter.

Er sah in die dritte Öffnung und überkreuzte erheitert die Tentakel: Als hätten die Erbauer seine Gedanken vorhergesehen, war hier genau die Anordnung, die er benötigte. Diesmal gab es drei Teiler. Ein Lichtkörnchen konnte am ersten Teiler nach hinten reflektiert oder durchgelassen werden. Auf dem Weg nach hinten traf es einen weiteren Teiler, der es wieder reflektieren oder durchlassen konnte. Genauso war es auf dem Weg nach rechts, auch dort gab es einen weiteren Teiler (Abb. 3.3).

Zusätzlich gab es vier Kästen, einen hinter jedem der vier möglichen Wege, die ein Lichtkörnchen gehen konnte. Wenn es eine Eigenschaft der Körnchen selbst war, die darüber entschied, ob das Licht durchgelassen oder reflektiert wurde, müsste ein Körnchen, das am ersten Teiler reflektiert wurde, auch am zweiten Teiler reflektiert werden. Ebenso müsste ein Körnchen, das einmal durchgelassen wurde, auch ein zweites Mal durchgelassen werden. In diesem Fall sollten nur zwei der vier Kästen zu leuchten beginnen, die anderen beiden dunkel bleiben. Entschied sich dagegen an jedem

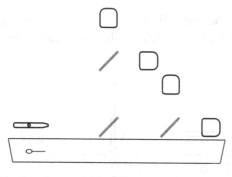

Abb. 3.3 Zweiter Raum, dritte Öffnung, Aufsicht

Teiler erneut, was mit dem Licht passierte, dann sollte jeder Kasten aufleuchten können.

Anders als zuvor besaß der Stein, der die Lichtquelle aktivierte, nur eine Stellung. T'lik'tik schob ihn nach rechts, um das Licht zu aktivieren, das jetzt wieder alle vier Tentakelschläge ausgesandt wurde. Das Ergebnis war eindeutig: Jeder der vier Kästen wurde gelegentlich von einem Lichtkörnchen erreicht, und als T'lik'tik mitzählte, sah er, dass alle Kästen auch nahezu gleich oft erreicht wurden. Es schien also tatsächlich rein zufällig zu sein, was an einem Teiler passierte und ob ein Lichtkörnchen nun durchgelassen oder reflektiert wurde.

Zu T'lik'tiks Überraschung enthielt die nächste Öffnung ein neues Element: Zwischen einer Lichtquelle auf der linken und einem Kasten auf der rechten Seite befand sich eine dreieckige Platte, die sich in den Lichtweg hineinschieben ließ, wenn er einen Stein an der Öffnung bewegte. T'lik'tik aktivierte die Lichtquelle. Die Erhebung auf der Lichtquelle leuchtete kurz auf und zeigte so an, dass ein Lichtkörnchen ausgesandt wurde, ansonsten passierte nichts. Diente die Platte einfach dazu, Licht zu verschlucken? Während er noch überlegte, leuchtete der Kasten auf. Anscheinend hatte die Platte das Licht doch durchgelassen, wenn auch verzögert (Abb. 3.4).

T'lik'tik bewegte die Platte aus dem Lichtweg heraus, schob den Stein der Lichtquelle nach links, wartete einen

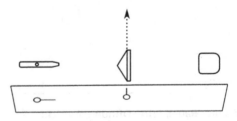

Abb. 3.4 Zweiter Raum, vierte Öffnung, Aufsicht

Moment und aktivierte die Lichtquelle wieder. Die Erhebung auf dem Zylinder und der Kasten leuchteten auf, etwa alle vier Tentakelschläge. Er schob die Platte wieder in den Lichtweg. Der Kasten leuchtete auf, allerdings gegenüber der Erhebung an der Lichtquelle um etwa zwei Tentakelschläge verzögert. Er löschte die Lichtquelle, wartete einen Moment und aktivierte sie einmal kurz. Es dauerte wieder etwa zwei Tentakelschläge, dann leuchtete der Kasten auf der rechten Seite auf und wurde wieder dunkel.

Anscheinend wurden also alle Lichtkörnchen, die ausgesandt wurden, von der Platte durchgelassen, dabei allerdings für etwa zwei Tentakelschläge aufgehalten. Die Platte war eine Art Verzögerer, sie hielt die Lichtkörnchen für eine Weile zurück, ließ sie dann aber weiter.

Die letzte Öffnung sollte die Tür zum nächsten Raum öffnen. Sie enthielt natürlich eine Lichtquelle, dazu einen Teiler, einen Verzögerer und einen Kasten. Der Verzögerer lag in dem Weg, den ein reflektiertes Lichtkörnchen nehmen würde, der Kasten ließ sich verschieben, entweder hinter den Verzögerer oder in den Lichtweg, bei dem ein Lichtkörnchen durchgelassen wurde (Abb. 3.5).

Um die Tür zu öffnen, musste T'lik'tik den Kasten zum Aufleuchten bringen, so viel war ihm klar. Er aktivierte die Lichtquelle und bewegte den Kasten hinter den Teiler, sodass

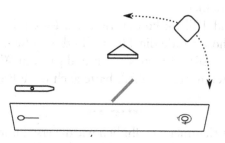

Abb. 3.5 Zweiter Raum, fünfte Öffnung, Aufsicht

er erreicht würde, wenn ein Lichtkörnchen durchgelassen wurde. Nach kurzer Zeit leuchtete der Kasten einmal auf. Die Tür am Ende des Raumes wurde kurz heller, doch als der Kasten nicht erneut von einem Lichtkörnchen getroffen wurde, wurde sie wieder dunkel.

T'lik'tik wartete eine Weile. Irgendwann musste der Zufall ja dafür sorgen, dass der Kasten mehrfach hintereinander von einem Lichtkörnchen getroffen wurde. Als es schließlich geschah, wurde die Tür immer heller, doch bevor sie sich öffnete, nahm ein Lichtkörnchen den falschen Weg und die Tür wurde wieder dunkler.

War es möglich, sicherzustellen, dass der Kasten immer von einem Lichtkörnchen getroffen wurde? Natürlich war es das. T'lik'tik löschte die Lichtquelle, wartete ein paar Tentakelschläge und aktivierte sie wieder. Der Kasten rechts leuchtete auf. Die Lichtquelle sandte das nächste Lichtkörnchen aus, aber diesmal erreichte es den Kasten nicht. Er schob ihn durch Bewegen des Steins in die andere Position, hinter den Verzögerer. Wie erwartet, leuchtete der Kasten auf. T'lik'tik schob ihn wieder zurück und wartete auf das nächste Lichtkörnchen. Erreichte es den Kasten durch den Teiler hindurch, musste er nichts tun; doch wenn der Kasten dunkel blieb, schob er ihn in den anderen Weg. Einen der beiden Wege musste das Lichtkörnchen ja nehmen, und dank des Verzögerers konnte er den Kasten immer an der richtigen Stelle positionieren.

Während T'lik'tik konzentriert den Kasten beobachtete und verschob, wurde die Tür am Ende des Raums immer heller. Schließlich öffnete sie sich und gab den Weg in den nächsten Raum frei. T'lik'tik hatte auch diese Prüfung bestanden.

****

Die zweite Kammer war ähnlich wie die erste, nur mit fünf Öffnungen an der Seite. Sie enthielten ähnliche Anordnungen wie in der Kammer davor, teilweise mit mehr der Kästen und glänzenden Platten.

Es fiel sSsuuaSsaaWaSsea immer schwerer zu verstehen, worum es sich bei dem Monolithen und seinen Kammern handelte. Dass der Monolith selbst kein Lebewesen war, erschien ihr inzwischen offensichtlich. Vielleicht war er ein Bau ähnlich wie die Schalen von Korralgen, die sich zu einem größeren Gebilde zusammenschlossen? Wenn das so war, wo waren die Bewohner des Baus? Hatten sie ihn verlassen, bevor der Monolith vom Himmel gestürzt war? Und selbst wenn das so war, wozu dienten die Kammern mit ihren Öffnungen, die einander ähnelten, aber von denen nie zwei ganz gleich aufgebaut zu sein schienen? Dass die Zylinder in den Öffnungen leuchteten und dass sich Wege zwischen den Kammern öffnen konnten, zeigte ihr auch, dass der Monolith nicht einfach ein totes Objekt war, sondern mehr.

Vielleicht war es besser, weniger nachzudenken und das, was vor ihr lag, genauer zu untersuchen. Die Öffnungen in der ersten Kammer hatte sSsuuaSsaaWaSsea eher beiläufig betrachtet und nur so lange an den Steinen herumgespielt, bis sich der Weg in die nächste Kammer öffnete. Vielleicht war es nun doch an der Zeit, genauer hinzusehen, um das Rätsel zu lösen?

Sie betrachtete die erste Öffnung. Wie in der vorigen Kammer gab es auch hier einen Stein unter der Öffnung, der sich verschieben ließ, diesmal in unterschiedliche Positionen. Sie verschob den Stein nach rechts und der Kasten auf der rechten Seite leuchtete auf. Dass der Zylinder auf der linken Seite Licht aussandte, hatte sie bereits in der ersten Kammer verstanden, der Kasten fing dieses Licht auf und leuchtete auf.

Als sie den Stein nach links verschob, begann der Kasten zu flackern, bis er schließlich langsam pulsierte, ebenso auch die Erhebung auf dem Zylinder. Das Licht aus dem Zylinder wurde also in Pulsen ausgesandt, und der Stein regelte, wie dicht diese Pulse aufeinanderfolgen. sSsuuaSsaaWaSsea schwamm weiter zur zweiten Öffnung.

Sie erkannte schnell, dass der Spiegel in der Mitte diesmal durchscheinend war. Also schob sie einen der Kästen nach hinten, den anderen nach rechts. Als sie den Stein, der das Licht aktivierte, ganz nach rechts schob, begannen beide Kästen zu leuchten. Der Spiegel in der Mitte der Kammer teilte also das Licht, ließ einen Teil hindurch und reflektierte den anderen Teil. Als sie den Stein weiter nach links schob, geschah etwas verwirrendes: Sie hatte erwartet, dass die beiden Kästen wieder zu flackern beginnen würden, und zunächst war es auch genau das, was sie beobachtete. Doch sobald sie den Stein so weit nach links geschoben hatte, dass die Pulse deutlich voneinander getrennt waren, leuchtete mal der eine, mal der andere Kasten auf.

sSsuuaSsaaWaSsea war verwirrt. Wenn die Lichtquelle Licht in einzelnen Pulsen aussandte, was geschah, wenn ein Puls auf den Spiegel traf, der Licht aufteilte? Ein Teil des Lichts wurde reflektiert, ein Teil aber trat hindurch. Warum passierte das nicht mit einem einzelnen Puls? Warum wurde dieser nicht ebenfalls geteilt und erreichte die Kästen, sodass beide aufleuchteten? Es konnte nicht daran liegen, dass der geteilte Puls zu schwach war, um den Kasten zum Leuchten zu bringen, denn dann hätte ja keiner der Kästen geleuchtet.

Sollte sich nicht auch Licht wie Wasser verhalten? Licht konnte wie Wasser aufgeteilt werden; wenn ein Sonnenstrahl auf das Weltenmeer traf, wurde ein Teil an der Oberfläche reflektiert, ein Teil lief weiter ins Wasser hinein. Beide Teile waren schwächer als der direkte Sonnenstrahl, und jeder der Teile konnte weiter geteilt und reflektiert werden. Dass Licht sich teilen ließ, war also offensichtlich.

War es vielleicht so, dass es einen kleinsten Lichtpuls gab, einen, der nicht geteilt werden konnte? Wenn viele Pulse den Teiler erreichten, wurden einige reflektiert, einige durchgelassen, aber jeder einzelne Puls tat entweder das eine oder das andere. Es erschien ihr seltsam, dass es etwas geben sollte, das nicht weiter geteilt werden konnte, aber vielleicht war es ja tatsächlich so?

Die nächste Öffnung schien diese Überlegung zu bestätigen: Der Puls konnte an mehreren Teilern geteilt werden, erreichte aber immer nur einen der Kästen, der daraufhin leuchtete. War Licht doch nicht wie Wasser? War es wirklich denkbar, dass Licht aus einzelnen Pulsen bestand, die nicht geteilt werden konnten? Wie sollte das möglich sein? Und wie konnte es sein, dass ein solcher Puls an einem Teiler nur einen der beiden Wege nahm, obwohl deutlich war, dass beide Wege möglich waren? Musste sie ihr gesamtes Weltbild überdenken? War die Welt doch nicht Wasser?

Nur mit einem Teil ihrer Aufmerksamkeit untersuchte sie den nächsten Kasten, während sie immer noch darüber nachdachte, ob es möglich war, dass es einen kleinsten, nicht teilbaren Lichtpuls gab, der an einem Teiler nur einen der beiden Wege wählte. Es fiel ihr nicht schwer, herauszufinden, dass die dreieckige Platte in dieser Öffnung einen Lichtpuls verzögerte, aber natürlich half das bei der Antwort auf ihre Frage nicht weiter.

Auch die letzte Öffnung schien nur zu bestätigen, was sie in dieser Kammer erfahren hatte: Ein Lichtpuls wurde an einem Teiler geteilt und ging entweder den einen oder den anderen Weg. Nach kurzem Nachdenken war sie dahintergekommen, wie sie den Kasten positionieren und verschieben musste, je nachdem, welchen Weg der Lichtpuls nahm.

Der Weg in die nächste Kammer öffnete sich. Immer noch von der Erschütterung ihres Weltbilds aufgewühlt, schwamm sSsuuaSsaaWaSseaana voran. Würde die nächste Kammer weitere verwirrende Überraschungen bereithalten?

UI-TE-RANGIORA-Programm, Berichte

Bericht, Sonde UI-TE-RANGIORA-2-7-13-25-9, Datum 24.10.97321 Erdstandardzeit, Auszug

Sonnensystem erreicht bei Position: galaktische Länge 14,281 611° galaktische Breite 2,642 89° Abstand zum Sonnensystem 14,413 89 kpc

Einzelstern, Spektraltyp G8 V Oberflächentemperatur 5400 K Masse 0,78 Sonnenmassen

Planetensystem: 5 Planeten

...

Planet 2:

Masse 3,3 Erdmassen

Durchmesser 19.342 km

Dichte 5,2 g/cm^3

Oberflächenschwerkraft 14,0 m/s^2 = 1,4-fache Erdschwerkraft

Abstand vom Zentralstern 86,3 Mio. km

Mittlere Oberflächentemperatur 304 K = 31 °C

Atmosphäre 81,4 % Stickstoff, 17,1 % Sauerstoff, 1,3 % Argon, 480 ppm Kohlendioxid, 27 ppm Neon, 9 ppm Helium

Achsneigung 11, 8°

Oberflächenbeschaffenheit 4 % Wasser, 96 % Land, davon 27 % mit Vegetation bedeckt

Bericht, Überwachungssonde UI-TE-RANGIORA-2-7-13-25-9-a, Datum 25.10.97321, Auszug

An der Oberfläche entdeckte geologische Strukturen deuten auf ausgetrocknete Flussbette und Seen hin. Die Erhöhung der Oberflächentemperatur ist auf die Entwicklung des Zentralsterns zurückzuführen, dessen Strahlungsleistung im Rahmen des regulären Sternalterungsprozesses zunimmt.

Die Äquatorregion im Bereich der Breitengrade +30° bis −30° besteht aus weiten Stein- und Sandwüsten, in denen außer einzelnen lokalisierten flechtenartigen Gewächsen keine Lebewesen beobachtet wurden. Die Flora beschränkt sich auf Gebiete in Polnähe. Pflanzen sind sukkulentenartig und anscheinend an große Trockenheit und langanhaltende Dürre angepasst. Insbesondere auf der Regenseite im Bereich der nördlichen Bergketten finden sich steppenartige Regionen, die durch unverzweigt wachsende, zylinderförmige Pflanzen dominiert werden.

Die Fauna des Planeten ist artenarm, zeichnet sich aber durch stark unterschiedliche Körperformen aus. Dies spricht dafür, dass der Planet früher einen größeren Artenreichtum besessen hat, der durch den Temperaturanstieg des Zentralsterns beeinträchtigt wurde. In einigen Gebieten des Planeten wurden Lebewesen beobachtet, die in Hütten siedeln. Elektromagnetische Signale oder andere Anzeichen einer höheren Technologie wurden nicht detektiert. Einzelne Ruinen deuten auf eine frühere Zivilisation mit höherem technischen Niveau hin.

Bericht, UI-TE-RANGIORA-2-7-13-25-9 PALADIN-Lander, Datum 2.11.97321, Auszug

Landung erfolgte in einer steppenartigen Region am Rand einer Wüste. Sieben Tage nach Landung Annäherung eines Lebewesens mit flacher, länglicher Körperform mit acht Beinen. Der Körper ist segmentiert, zwischen einem Beinsegment liegt jeweils ein Segment ohne Beine. Die Vorderseite ist zweigeteilt: Eine Mundöffnung liegt direkt über dem Boden, darüber erhebt sich an einer Art Hals ein Kopf, der Sinnesorgane und zwei bewegliche Tentakel besitzt. Das Wesen trägt einen Beutel bei sich und ist offensichtlich intelligent. Das Wesen sollte mit seinen Tentakeln in der Lage sein, einfache Schalter zu bedienen. Die Steuerung der Experimente und die Höhe der Nischen wurden an die Größe des Wesens angepasst.

Bei Annäherung des Wesens wurde das Türsignal aktiviert. Eine Analyse der Reaktion legt nahe, dass es in der Lage ist, Licht im Wellenlängenbereich vom nahen Infrarot bis zum UV-Bereich (860–270 nm) wahrzunehmen. Die Lasersignale der Experimente wurden deshalb auf eine Wellenlänge von 350 nm eingestellt.

Bericht, Sonde UI-TE-RANGIORA-5-8-21-17-29, Datum 27.10.97321 Erdstandardzeit, Auszug

Sonnensystem erreicht bei Position: galaktische Länge 338,198 731° galaktische Breite 1,109 854° Abstand zum Sonnensystem 12,814 57 kpc

Einzelstern, Spektraltyp K2 V Oberflächentemperatur 4400 K Masse 0,61 Sonnenmassen

Planetensystem: 7 Planeten

…

Planet 3:

Masse 0,7 Erdmassen

Durchmesser 11.687 km

Dichte 5,0 g/cm^3

Oberflächenschwerkraft   8,16 m/s^2 =   0,83-fache Erdschwerkraft

Abstand vom Zentralstern 58,2 Mio. km

Mittlere Oberflächentemperatur 291 K = 18 °C

Atmosphäre 77,1 % Stickstoff, 22,1 % Sauerstoff, 0,7 % Argon, 410 ppm Kohlendioxid, 25 ppm Neon, 2 ppm Helium

Achsneigung 8, 5 °

Oberflächenbeschaffenheit 100 % Wasser, keine Landflächen

Bericht, Aquatischer Lander
UI-TE-RANGIORA-5-8-21-17-29-c, Datum
31.10.97321, Auszug

Die beobachteten Lebensformen basieren erwartungsgemäß auf Kohlenstoff. Chemische Analysen zeigen einen hohen Anteil an Zuckern und Zucker-Protein-Verbindungen. Die Lebensformen sind nicht in Zellen organisiert, sondern verwenden komplexe Proteoglykane zur Strukturierung, die ein hohes Vermögen besitzen, Wasser zu speichern. Durch gezielte Einlagerung von Wasser können chemische Reaktionen gesteuert werden. Die beobachteten Mikroorganismen besitzen deshalb keine eindeutig definierte Körperoberfläche. Eine klare Trennung zwischen einzelligen und mehrzelligen Organismen ist aufgrund dieser Struktur nicht möglich. Bei den bisher analysierten größeren Lebewesen ist dieses Phänomen weniger leicht beobachtbar.

Die hauptsächlichen Primärproduzenten sind photosynthetisches Plankton sowie größere, algenartige Pflanzen in waldartigen Ansammlungen. Die Ozeane werden von zahlreichen Tieren bewohnt. Besonders häufig vertreten sind wurmartige Lebewesen, deren vordere Körperhälfte von einem Panzer umschlossen ist, der bei schlängelnden Körperbewegungen der hinteren Körperhälfte für Auftrieb sorgt. Unter den größeren Organismen dominiert eine Tiergruppe mit stromlinienförmigem Körper und acht Flossen, von denen vier sich am Körperende befinden und für den Hauptvortrieb sorgen. Es wurden von dieser Tiergruppe zahlreiche Arten klassifiziert, von denen die größte eine Körperlänge von 9 m erreicht.

Eine weitere Klasse von Organismen scheint aus einer symbiotischen Kolonie einzelner Teilwesen zu bestehen, die in der Lage sind, ihre Gestalt zu ändern und Organe situationsangepasst zu formen.

Bericht, Sonde UI-TE-RANGIORA-4-12-9-31-18, Datum 3.11.97321 Erdstandardzeit, Auszug

Sonnensystem erreicht bei Position: galaktische Länge 246,990 321° galaktische Breite -3,640 439 8° Abstand zum Sonnensystem 9,402 99 kpc

Einzelstern, Spektraltyp F5V Oberflächentemperatur 5700 K Masse 1,31 Sonnenmassen

Planetensystem: 7 Planeten

Das System verfügt über 7 Planeten, von denen der zweite mit einer Masse von 0,7 Erdmassen in einer Entfernung von 1,8 astronomischen Einheiten um den Zentralstern kreist. Spektralanalysen deuten auf das Vorhandensein von Wasser, Sauerstoff und Stickstoff in der Atmosphäre hin. Zwischen Planet 3 und 4 befindet sich ein Asteroidengürtel, der für den Abbau von Metallen geeignet erscheint. Die Abtrennung der Replikationseinheit wird vorbereitet.

Die optischen Teleskope nehmen eine ungewöhnliche Konzentration von Gasen und Materie in der Nähe der Sonne wahr. Eine Doppler-Analyse zeigt, dass diese Materiewolke sich nicht der Schwerkraft folgend bewegt, sondern mit zunehmender Geschwindigkeit vom Stern entfernt und auf Sonde Ui-te-Rangiora-4-12-9-31-18 zubewegt. Es wurde ein Ausweichmanöver eingeleitet, um eine Kollision zu verhindern, doch die Wolke scheint der Bewegung der Sonde zu folgen. Ein Kontakt scheint unausweichlich. Sensoren zeigen starke elektromagnetische Felder. Eine optische Analyse zeigt ungewöhnliche Spektrallinien in der Gaswolke, die darauf hindeuten, dass

Ende der Übertragung

4

Möglichkeiten

Zufrieden mit sich selbst ging T'lik'tik in den nächsten Raum. Wenn dies ein Rätsel oder eine Prüfung war, war sie leicht, fast schon zu leicht. Auch die nächste Öffnung bestätigte dies: Sie enthielt eine komplizierte Anordnung von Spiegeln, Teilern und Kästen, aber es fiel T'lik'tik nicht schwer, sie zu durchschauen: Das Licht aus dem Zylinder traf zunächst auf einen Teiler. Auf seinem weiteren Weg traf es jeweils auf einen Spiegel, der es so ablenkte, dass sich die Wege, die das Licht gehen konnte, wieder kreuzten. Hinter dem Kreuzungspunkt waren zwei Kästen angebracht. Ein weiterer, dritter Kasten befand sich in der Mitte zwischen den beiden Lichtwegen. Mit einem Stein vor der Öffnung konnte T'lik'tik diesen Kasten nach vorn oder hinten verschieben (Abb. 4.1).

T'lik'tik ließ den Kasten in der Mitte in seiner Position, so dass er keinen der beiden möglichen Lichtwege unterbrach. Auch diesmal gab es nur zwei Stellungen für den Stein, der den Zylinder aktivierte – als er ihn nach rechts

© Der/die Autor(en), exklusiv lizenziert an Springer-Verlag GmbH, DE, **43**
ein Teil von Springer Nature 2023
M. Bäker, *Das Quantenrätsel*,
https://doi.org/10.1007/978-3-662-67299-0_4

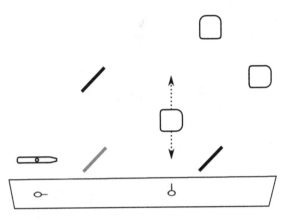

Abb. 4.1 Dritter Raum, erste Öffnung, Aufsicht

schob, leuchtete die Erhebung auf dem Zylinder regelmäßig in langsamem Takt auf.

Wie er es erwartet hatte, leuchteten die beiden Kästen an den Enden der Lichtwege unregelmäßig auf, mal der eine, mal der andere. Schob er den mittleren Kasten nach vorn und unterbrach damit diesen Lichtweg, leuchtete entweder dieser Kasten oder der rechte Kasten auf, der hinterste dagegen gar nicht mehr. Schob er den Kasten nach hinten, war es der rechte Kasten, der immer dunkel blieb. Die Erklärung war offensichtlich: Ein Lichtkörnchen wurde am vorderen Teiler entweder nach rechts durchgelassen oder nach hinten reflektiert. Traf es auf einen Kasten, leuchtete dieser auf und das Lichtkörnchen verschwand. Je nachdem, wo er den mittleren Kasten positionierte, entschied sich, welcher Kasten aufleuchten konnte. Bis auf die zusätzlichen Spiegel bot diese Anordnung wahrlich nichts Neues.

Als T'lik'tik in die nächste Öffnung blickte, wurde er beinahe ärgerlich: Anscheinend hielten die Erbauer des Himmelssteins ihn für dumm, denn was bei der Anordnung, die er hier vorfand, passieren würde, war offensichtlich. Die An-

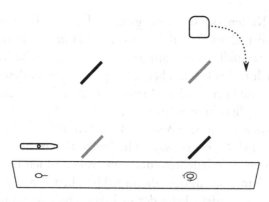

Abb. 4.2 Dritter Raum, zweite Öffnung, Aufsicht

ordnung ähnelte der in der vorigen Öffnung: Wieder gab es einen Teiler und zwei Spiegel, die die Lichtwege umlenkten. Dort, wo sich die beiden Lichtwege kreuzten, lag allerdings ein weiterer Teiler. Dahinter gab es nur einen Kasten, den T'lik'tik mithilfe eines Steins bewegen konnte; der Kasten in der Mitte der Lichtwege fehlte dagegen (Abb. 4.2).

Das Lichtkörnchen würde auf den ersten Teiler treffen und entweder reflektiert oder durchgelassen werden. Wurde es durchgelassen, würde der Spiegel es auf den zweiten Teiler lenken, wo es wieder reflektiert oder durchgelassen werden würde. Wenn es am ersten Teiler reflektiert wurde und den anderen Weg ging, würde der andere Spiegel es ebenso reflektieren, auf den zweiten Teiler lenken, und dort würde es wiederum durchgelassen oder reflektiert werden. Egal in welche der beiden Positionen er den Kasten bringen würde, er würde etwa die Hälfte aller Lichtkörnchen aufnehmen. Das Ergebnis war so offensichtlich, dass T'lik'tik kaum einen Drang verspürte, es auszuprobieren. Lediglich die Überlegung, dass er die nächste Tür öffnen wollte, ließ ihn den Stein nach rechts schieben.

Der Kasten, der sich anfangs in der hinteren Position befand, blieb dunkel. T'lik'tik wartete. Natürlich konnte es sein, dass zufällig die Lichtkörnchen am zweiten Teiler immer nach rechts liefen, aber je länger er wartete, desto unwahrscheinlicher wurde es. Inzwischen hätte der Kasten etwa zehnmal aufleuchten müssen, doch er bliebt dunkel. T'lik'tik schob ihn in die andere Position. Halb verblüffte ihn, was geschah, halb hatte er es erwartet: In der Position rechts begann der Kasten aufzuleuchten, und zwar vollkommen regelmäßig, in dem Takt, in dem die Lichtkörnchen vom Zylinder ausgesandt wurden. Jedes der Lichtkörnchen erreichte den Kasten in dieser Position, keins in der anderen.

Wie konnte das sein? Welchen Fehler hatte er in seinen Überlegungen gemacht? Licht bestand aus einzelnen Körnchen und wenn ein Lichtkörnchen auf den Teiler traf, wurde es entweder durchgelassen oder reflektiert, das hatte er im vorigen Raum ja herausgefunden.

War es vielleicht möglich, dass Licht in Wahrheit nicht aus einem Körnchen bestand, sondern immer aus mehreren? Waren es vielleicht immer zwei Körnchen, die erzeugt wurden? Dann konnte an einem Teiler ein Körnchen durchgelassen und eins reflektiert werden. Aber dann hätten beide Kästen aufleuchten müssen. Oder konnte es sein, dass ein Kasten nur aufleuchtete, wenn er von zwei Körnchen getroffen wurde? Doch dann würde an einem Teiler manchmal ein Körnchen durchgelassen und eins reflektiert. In einer Anordnung mit einem Teiler und zwei Kästen wie im vorigen Raum wäre es möglich, dass jeder Kasten nur von einem Körnchen erreicht wurde, so dass keiner von ihnen aufleuchtete. Das war also nicht die Lösung.

Oder war es vielleicht so, dass der Zylinder jedes Mal drei Körnchen aussandte? Jedes davon wurde zufällig am Teiler entweder durchgelassen oder reflektiert, und der Kasten begann vielleicht nur zu leuchten, wenn er von zwei Körnchen getroffen wurde? Auch das konnte nicht sein, das zeigte die

Anordnung mit den drei Teilern und den vier Kästen. Wenn drei Lichtkörnchen auf den ersten Teiler trafen und aufgeteilt wurden und dann an den beiden anderen dasselbe passierte, müsste es gelegentlich passieren, dass keiner der Kästen gleichzeitig von zwei Körnchen getroffen würde. Aber das war nicht der Fall, es leuchtete immer genau einer der Kästen auf. Auch eine noch kompliziertere Idee führte nicht zum Ziel: Wenn der Zylinder jedes Mal vier oder mehr Körnchen aussandte, von denen zwei ausreichten, um einen der Kästen zum Leuchten zu bringen, müssten gelegentlich auch beide Kästen gleichzeitig aufleuchten, aber auch das passierte nicht. Die Idee, dass der Zylinder mehr als ein Lichtkörnchen aussandte, schien also nicht die Lösung zu sein.

Vielleicht half es weiter, die unterschiedlichen Wege genauer zu betrachten, die die Lichtkörnchen gehen konnten? Auf den ersten Blick schien die Anordnung sehr symmetrisch zu sein, aber es musste irgendetwas geben, das die beiden Wege hinter dem zweiten Teiler unterschied. Insgesamt konnte ein Lichtkörnchen vier Wege nehmen. Um sie sich leichter merken zu können, kennzeichnete T'lik'tik sie danach, ob das Körnchen durchgelassen oder reflektiert wurde. Die Möglichkeiten DD, also zweimal durchgelassen, und RR, zweimal reflektiert, führten zur hinteren Position des Kastens, die Möglichkeiten DR, erst durchgelassen, dann reflektiert, und RD, erst reflektiert, dann durchgelassen, dagegen zur rechten Position (Abb. 4.3).

Aufgeregt trommelte T'lik'tik mit dem vorderen Beinpaar. Er hatte das Gefühl, auf der richtigen Spur zu sein: Die Wege, die zunächst gleichartig zu sein schienen, unterschieden sich doch. Natürlich konnte es nicht einfach so sein, dass ein Lichtkörnchen niemals zweimal hintereinander durchgelassen oder reflektiert werden konnte, auch das hatte im vorigen Raum die Öffnung mit den drei Teilern und vier Kästen gezeigt.

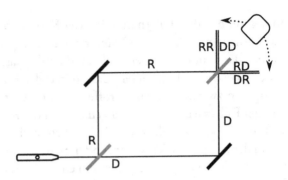

Abb. 4.3 T'lik'tiks Analyse der unterschiedlichen Wege

Ein Lichtkörnchen konnte einen Kasten erreichen, wenn es zweimal durch einen Teiler durchgelassen wurde und ebenso, wenn es zweimal von einem Teiler reflektiert wurde, aber anscheinend nicht, wenn es beide dieser Möglichkeiten gab, wenn also unterschiedliche Wege zum selben Ziel existierten.

Die beiden Möglichkeiten, die zum Kasten in der hinteren Position führten, unterschieden sich deutlich voneinander, die beiden, die zum Kasten rechts führten, dagegen nur in der Reihenfolge. War es denkbar, dass diese unterschiedlichen Möglichkeiten einander beeinflussten?

Vielleicht gab die dritte Öffnung mehr Aufschluss darüber, was passierte? Die Erbauer des Himmelssteins hatten schließlich schon mehrfach seine Fragen vorhergesehen und eine passende Anordnung geschaffen. T'lik'tik ging also weiter. Die Anordnung von Teilern und Spiegeln in der letzten Öffnung war identisch, aber diesmal gab es drei Kästen, was die Sache vereinfachte. Zwei davon befanden sich hinter dem letzten Teiler, der dritte lag wieder in der Mitte und ließ sich mit einem Stein in jeden der beiden Lichtwege verschieben. T'lik'tik aktivierte das Licht. Solange der mittlere Kasten keinen der Lichtwege unterbrach, leuchtete nur der Kasten auf der rechten Seite. Das war natürlich dieselbe Anordnung wie

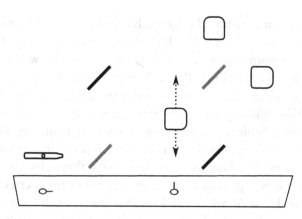

Abb. 4.4 Dritter Raum, dritte Öffnung, Aufsicht

in der Öffnung zuvor: Der Kasten, der auf den Wegen lag, die er DR und RD genannt hatte, begann zu leuchten, der andere blieb dunkel (Abb. 4.4).

Schob er dagegen den mittleren Kasten in einen der Lichtwege, änderte sich das Bild: Dieser Kasten leuchtete etwa in der Hälfte der Fälle. Die anderen beiden Kästen leuchteten jetzt allerdings beide, mal der eine, mal der andere, allerdings natürlich nur, wenn der Kasten in der Mitte es nicht tat. Auch dieser Fall war leicht zu verstehen. Licht wurde am ersten Teiler geteilt und erreichte den Kasten im Lichtweg in der Hälfte der Fälle. Erreichte es ihn nicht, lief es also auf dem jeweils anderen Weg und wurde am zweiten Teiler geteilt. Jeder der beiden anderen Kästen sollte also etwa in einem Viertel der Fälle aufleuchten.

Diese Anordnung zeigte noch einmal ganz deutlich, dass es nicht das mehrfache Reflektieren oder Durchgelassenwerden war, das für das rätselhafte Verhalten verantwortlich war. Wenn ein Kasten in der Mitte einen Lichtweg unterbrach, war das Verhalten der Lichtkörnchen vollkommen verständlich. Nur wenn es zwei Möglichkeiten gab, den zweiten Teiler zu erreichen, passierte etwas Seltsames. Es war fast so, als würden die Möglichkeiten sich beeinflussen: Ein Kasten, der sowohl auf dem Weg DD als auch auf dem Weg RR erreicht werden konnte, wurde gar nicht erreicht, während sich die Wege DR und RD nicht gegenseitig störten.

Irgendeine seiner Annahmen musste falsch sein, das war T'lik'tik vollkommen klar. Hatte er an einer Stelle einen fehlerhaften Schluss gezogen, den er revidieren musste? Mit gesenkten Tentakeln ging er noch einmal zurück in den vorigen Raum. Die Anordnung in der ersten Öffnung hatte ihm lediglich gezeigt, dass Licht in einzelnen Körnchen erzeugt wurde. Diese Annahme erschien ihm immer noch sinnvoll, denn sein Versuch, das Rätsel zu lösen, indem er annahm, dass immer zwei oder mehr Körnchen auf einmal ausgesandt wurden, hatte nicht zum Ziel geführt.

Auch die zweite Öffnung erschien ihm wenig problematisch: Ein Lichtkörnchen wurde an einem Teiler zufällig entweder durchgelassen oder reflektiert. Was sollte an dieser offensichtlichen Schlussfolgerung falsch sein? Doch letztlich hatte es nur dieser beiden Annahmen bedurft, um das, was in den letzten beiden Öffnungen passiert, vollkommen falsch vorherzusagen: Licht wurde in Körnchen ausgesandt und an einem Teiler wurde es entweder reflektiert oder durchgelassen. Beides war offensichtlich richtig, aber gleichzeitig wusste er, dass es so nicht sein konnte.

Während T'lik'tik nachdachte, stellte er fest, dass er schon eine lange Zeit hier im Himmelsstein verbracht hatte. Vielleicht sah er klarer, wenn er sich etwas ausruhte? Er ließ sich nieder und aß etwas Felsmoos. Was sollte er tun? Sollte er die nächste Öffnung untersuchen und versuchen, die Tür zum nächsten Raum zu öffnen, auch wenn er nicht wirklich verstand, was in den Öffnungen passierte? Oder sollte er vielleicht sogar zu den Wohnklippen zurückkehren, um den Weisen zu berichten, dass er nicht in der Lage war, das Rätsel des Himmelssteins zu entschlüsseln? Vielleicht gelang P'luk'mut, wozu er nicht in der Lage war. Es wäre nicht die triumphale Rückkehr, die er sich noch vor Kurzem ausgemalt hatte, sondern ein Eingeständnis seiner Niederlage, doch um das Rätsel zu lösen, mochte dieser Preis nicht zu hoch sein.

Welche Entscheidung war die Richtige? Wie vermutlich jedes vernunftbegabte Wesen es gelegentlich tat, wünschte T'lik'tik sich für einen Moment, er könnte beide Möglichkeiten ausprobieren und sich hinterher für die Richtige entscheiden. *Hirngespinste!*, dachte er ärgerlich und versuchte, sich wieder auf das Rätsel zu konzentrieren.

Nach wie vor wusste er nicht, wie sich an einem Teiler entschied, welchen Weg ein Lichtkörnchen nahm, beide Wege waren möglich. T'lik'tik kreuzte, für einen Moment seine Frustration vergessend, amüsiert seine Tentakel – in gewisser Hinsicht ging es dem Lichtkörnchen wie ihm selbst, es hatte verschiedene Möglichkeiten, von denen nur eine Wirklichkeit werden konnte. Er erstarrte in der Bewegung. War es denkbar, dass es beim Lichtkörnchen anders war? Auf den ersten Blick erschien diese Idee absurd, aber das Verhalten der Lichtkörnchen selbst war nun einmal absurd. Wenn ein Lichtkörnchen auf einen Teiler traf, besaß es zwei Möglichkeiten, entweder es wurde reflektiert oder es wurde durchgelassen. Vielleicht gab es beide Möglichkeiten tatsächlich und erst wenn ein Kasten im Weg war, wurde eindeutig, welche der beiden Möglichkeiten tatsächlich real war. Solange keins der beiden möglichen Lichtkörnchen einen Kasten erreicht hatte, waren beide gleichermaßen real und die beiden Möglichkeiten konnten sich beeinflussen. Konnte diese Idee das Problem lösen?

Obwohl er den Gedanken immer noch absurd fand, verfolgte T'lik'tik ihn weiter. Das Lichtkörnchen hatte am ersten Teiler zwei Möglichkeiten, am zweiten Teiler wiederum jeweils zwei, so dass sich am Ende die vier Kombinationen DD, RR, DR und RD ergaben, über die er bereits nachgedacht hatte. Die beiden Möglichkeiten DD und RR würden sich auf dem Weg in Richtung des hinteren Kastens in irgendeiner Weise beeinflussen, so dass sie den Kasten nicht erreichen konnten. Wie genau das geschehen sollte, wusste er nicht, aber er konnte sich vorstellen, dass die beiden Möglichkeiten in irgendeiner Weise gegenteilig zueinander waren und sich deshalb aufheben konnten. Auf dem anderen Weg, mit den Möglichkeiten DR und RD, geschah dies nicht, weil das Lichtkörnchen in beiden Fällen einmal reflektiert und einmal durchgelassen wurde.

Seine Idee der möglichen Lichtkörnchen erklärte auch das, was in der dritten Öffnung geschah: Wenn er einen Kasten in einen der Wege brachte, konnte das mögliche Lichtkörnchen den zweiten Teiler nicht erreichen, also konnten sich dort auch keine zwei Möglichkeiten aufheben.

Vom Felsmoos gestärkt, schaute er in die letzte Öffnung. Die Anordnung war nahezu identisch zur zweiten Öffnung, diesmal aber lag auf beiden Wegen hinter dem ersten Teiler ein Verzögerer und es gab einen Kasten am Ende, der sich in jeden der beiden Lichtwege verschieben ließ. Neben dem Stein, der die Lichtquelle aktivierte, gab es zwei weitere: Mit einem davon konnte er den Kasten verschieben, mit dem zweiten ließ sich der zweite Teiler bewegen und in den Kreuzungspunkt der beiden Lichtwege hineinbewegen (Abb. 4.5).

Der Teiler befand sich anfangs außerhalb der beiden Lichtwege. Als T'lik'tik die Lichtquelle aktivierte, dauerte es einen Moment, dann leuchtete der zweite Kasten, im Moment in der hinteren Position, unregelmäßig auf. Jedes Mal, wenn ein Lichtkörnchen den Kasten traf, begann die Öffnung zum nächsten Raum zu leuchten, aber sie wurde wieder dunkler, wenn das Lichtkörnchen den Kasten nicht erreichte.

T'lik'tik schob den zweiten Teiler in den Kreuzungspunkt der Lichtwege, so dass die Anordnung identisch war zu der in der vorigen Öffnung. Natürlich leuchtete der Kasten jedes

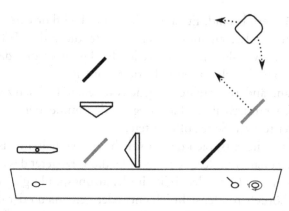

Abb. 4.5 Dritter Raum, vierte Öffnung, Aufsicht

Mal auf, wenn er in der rechten Position war. Die Öffnung
in den nächsten Raum begann zu leuchten und wurde immer heller. T'lik'tik wartete, bis sie sich öffnete. Er hatte
dies erwartet, wirklich verstehen konnte er allerdings nicht,
welchen Sinn die Erbauer des Himmelssteins darin gesehen
hatten, hier noch einmal nahezu dieselbe Anordnung wie in
der zweiten Öffnung einzubauen. Das Einschieben des Teilers allein war keine besondere Schwierigkeit gewesen, und
die Verzögerer machten die Anordnung zwar komplizierter,
allerdings nicht schwerer zu durchschauen. Da kam ihm ein
beunruhigender Gedanke.

Er aktivierte die Lichtquelle nur kurz, so dass sie genau ein
Lichtkörnchen aussandte. Nach einem Tentakelschlag schob
er den zweiten Teiler aus seiner Position heraus. Der Kasten,
den er in die rechte Position geschoben hatte, leuchtete kurz
darauf auf. T'lik'tik schob den zweiten Teiler wieder in seine
Position und wiederholte das Ganze mehrfach. Jedes Mal
schob er den zweiten Teiler erst in den Lichtweg, ließ den
Zylinder genau ein Lichtkörnchen aussenden und bewegte
den zweiten Teiler wieder heraus, nachdem das Lichtkörnchen den ersten Teiler passiert hatte, so dass es sich in den

Verzögerern befand. Etwa die Hälfte der Lichtkörnchen erreichte den Kasten auf der rechten Seite, die andere Hälfte nicht, sie war also am ersten Teiler durchgelassen und dann vom Spiegel nach hinten reflektiert worden.

Dann änderte er seine Vorgehensweise und ließ den zweiten Teiler innerhalb des Lichtwegs, so dass immer der Kasten auf der rechten Seite aufleuchtete.

Einerseits entsprach das natürlich dem Verhalten, das er erwartet hatte. Andererseits machten die Verzögerer das Bild sehr seltsam: Ohne den Teiler im Kreuzungspunkt ging das Lichtkörnchen offensichtlich entweder den einen oder den anderen Weg und landete schließlich entweder in der hinteren oder der rechten Position. Schob er den Teiler in seine Position, konnten die beiden Lichtwege sich dagegen irgendwie beeinflussen. Welcher dieser beiden Fälle eintrat, entschied sich offensichtlich erst, nachdem das Lichtkörnchen den ersten Teiler längst passiert hatte. Es wirkte fast, als würde seine Entscheidung, den Teiler zu verschieben, das beeinflussen, was bereits vorher am ersten Teiler passiert war.

Das allerdings wäre noch seltsamer als alles, was T'lik'tik bisher im Himmelsstein gelernt hatte: Die Zeit verlief vorwärts und eine Ursache konnte nicht nach einer Wirkung liegen, darüber waren sich die Weisen einig. Eine Welt, in der es möglich war, dass ein Ereignis ein anderes beeinflusste, das vorher stattfand, erschien T'lik'tik absurd.

T'lik'tik dachte noch einmal darüber nach, was passierte, wenn Licht einen Teiler erreichte: Das Lichtkörnchen hatte zwei Möglichkeiten, es konnte durchgelassen oder reflektiert werden, und erst, wenn das Lichtkörnchen auf einem der beiden Wege einen Kasten erreichte, entschied sich, welche der Möglichkeiten realisiert wurde. Genauso war es hier auch. Es war eben nicht richtig, dass das Lichtkörnchen ohne den zweiten Teiler entweder den einen oder den anderen Weg nahm, sondern es hatte beide Möglichkeiten. Beide möglichen Lichtkörnchen erreichten die Kästen und dort entschied sich, welche der Möglichkeiten eintrat. Mit dem Teiler gab es vier Möglichkeiten, von denen sich zwei jedoch aufhoben, so dass das Lichtkörnchen immer den rechten Teiler erreichte.

Auch wenn T'lik'tik den zweiten Teiler erst einschob oder entfernte, nachdem das Lichtkörnchen den ersten Teiler passiert hatte, verursachte dies keine Änderung in der Vergangenheit: Das Lichtkörnchen war in einem Zustand zweier gleichzeitiger Möglichkeiten, bis es einen Kasten erreichte. Egal was T'lik'tik tat, er konnte das, was in der Vergangenheit geschehen war, nicht beeinflussen, er konnte nur beeinflussen, welche der Möglichkeiten realisiert werden konnten: Schob er den Teiler in den Lichtweg, hoben sich zwei Möglichkeiten gegenseitig auf (auf welche Weise auch immer das geschah) und das Lichtkörnchen erreichte immer den rechten Kasten; entfernte er den Teiler, konnte das Licht beide Kästen erreichen. Entscheidend war, dass das Lichtkörnchen gleichzeitig mehrere mögliche Wege gehen konnte, die sich gegenseitig beeinflussten. Erst wenn das Lichtkörnchen auf einen Kasten traf, entschied sich, welche der Möglichkeiten realisiert wurde.

Es war eine verwirrende Sicht der Dinge und T'lik'tik war sich nicht sicher, ob er glauben sollte, dass Lichtkörnchen sich tatsächlich in dieser Weise verhalten würden. Aber zumindest war es eine Vorstellung, die zu allem passte, das er beobachtet hatte.

****

Die erste Öffnung der nächsten Kammer ergab keine neuen Erkenntnisse für sSsuuaSsaaWaSseaana: Ein Lichtpuls wurde an einem Teiler geteilt, jeweils durch einen Spiegel umgelenkt und erreichte dann einen der beiden Kästen. Nichts daran war in irgendeiner Weise überraschend und sSsuua-SsaaWaSseaana schwamm nach kurzer Zeit weiter.

Was in der nächsten Öffnung passieren sollte, schien ebenso offensichtlich zu sein: Wenn ein Puls an einem Teiler entweder durchgelassen oder reflektiert wurde, musste dies auch am zweiten Teiler passieren können und dann musste er auch beide Kästen erreichen können. Doch genau das geschah nicht. So sehr sSsuuaSsaaWaSseaana auch nachdachte, es gelang ihr nicht, den Widerspruch aufzulösen.

Vielleicht war die Annahme, dass ein Puls an einem Teiler nur einen von beiden Wegen nehmen konnte, doch falsch? Vielleicht verhielt sich Licht doch wie Wasser und wurde an einem Teiler geteilt, so wie eine Strömung auf zwei Seiten um einen Stein herumfließen und dahinter wieder zusammenlaufen konnte?

So einfach konnte es natürlich nicht sein: Wenn Wasser auf beiden Seiten um einen Stein herumfloss, vereinten sich die Wassermengen hinter dem Stein wieder. Beim Lichtpuls schien es aber so zu sein, dass nach dem Zusammenfließen der hintere der beiden Kästen gar nicht erreicht werden konnte, so, als würden sich zwei Strömungen aufheben.

Plötzlich wurde sSsuuaSsaaWaSseaana klar, dass es etwas Ähnliches gab. Bei einer Wasserwelle an der Meeresoberfläche konnten interessante Muster entstehen, wenn zwei Wellen wieder aufeinandertrafen: An einigen Stellen konnten sie sich verstärken, an anderen dagegen blieb die Wasseroberfläche ruhig. Trafen zwei Wellenberge aufeinander, verstärkten sie sich; wenn ein Wellenberg und ein Wellental sich trafen, löschten sie sich gegenseitig aus.

Wenn Licht sich wie eine Welle aus Wasser verhielt, konnte es an einem Teiler beide Wege gehen, wieder zusammenlaufen, so dass vielleicht auch einige Stellen erreicht werden konnten, andere dagegen nicht. Ließ sich damit erklären, was sSsuuaSsaaWaSseaana hier beobachtete? Auf dem Weg zum hinteren Kasten wurde das Licht entweder zweimal durchgelassen oder zweimal reflektiert, und dieser Kasten wurde nicht erreicht. Auf dem anderen Weg dagegen wurde das Licht erst reflektiert, dann durchgelassen oder umgekehrt. Wenn das Licht beispielsweise bei jeder Reflexion irgendwie beeinflusst wurde, aber nicht beim Durchlassen, könnte es so sein, dass bei dem Licht, das zweimal reflektiert wurde, am Ende aus einem Wellenberg ein Wellental geworden war und umgekehrt. Wenn dagegen auf dem anderen Weg, wo das Licht zweimal durchgelassen wurde, nichts mit der Welle passierte, konnten sich diese beiden Wellen auslöschen.

War so etwas denkbar? sSsuuaSsaaWaSseaana stellte sich eine Welle aus Wasser vor. Wenn beim zweimaligen Reflektieren aus einem Berg der Welle ein Tal werden sollte, musste die Welle bei jedem Reflektieren ein wenig verzögert werden. Hatte der Abstand zwischen zwei Wellenbergen einen bestimmten Wert, musste die Welle insgesamt um die Hälfte dieses Wertes verschoben werden, bei jedem Reflektieren also um ein Viertel dieses Abstands (Abb. 4.6).

Der hintere Kasten konnte auf zwei Wegen erreicht werden, auf einem davon wurde die Welle zweimal durchgelassen und deshalb nicht verschoben, auf dem anderen wurde sie zweimal reflektiert und um die Hälfte des Wellenbergabstands verschoben. Aus Wellenberg wurde Wellental, und die beiden Wellen hoben sich auf.

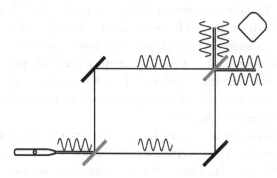

Abb. 4.6 sSsuuaSsaaWaSseaanas Analyse der unterschiedlichen Wege

Auf den beiden Wegen zum rechten Kasten dagegen wurde jede Welle einmal reflektiert. Beide Wellen wurden also verzögert, aber um denselben Betrag, und konnten sich deshalb verstärken.

Prinzipiell konnte es natürlich auch andersherum sein: Die Welle konnte beim Durchlassen durch den Teiler verzögert werden, nicht beim Reflektieren, das Ergebnis wäre dasselbe. Es spielte auch keine Rolle, was an den beiden Spiegeln, die das Licht umlenkten, passierte, denn egal wie die Wellen dort verzögert wurden, die Verzögerung war auf beiden Wegen dieselbe und änderte deshalb nichts am Ergebnis. So oder so ließ sich das, was sSsuuaSsaaWaSseaana hier beobachtete, mit der Vorstellung einer Welle erklären.

Natürlich bedeutete das nicht, dass Licht tatsächlich eine Welle wie eine Wasserwelle war. Eine Wasserwelle bewegte sich an der Oberfläche des Meeres, Licht dagegen konnte sich überall ausbreiten. Aber wenn Licht sich so verhielt, wie es eine Welle tat, konnte sSsuuaSsaaWaSseaana zumindest das erklären, was sie hier beobachtete.

Allerdings war damit wiederum das Rätsel aus der vorigen Kammer ungelöst: Wenn Licht sich an einem Teiler aufteilte und dann zwei Wege ging, warum leuchtete hinter dem einfachen Teiler in der vorigen Kammer immer nur ein Kasten auf? Warum nicht beide (wenn das Licht stark genug war, um den Kasten zum Leuchten zu bringen) oder keiner von beiden (wenn das Licht zu schwach war)? Der Lichtpuls teilte sich, die Teile trafen auf die beiden Kästen, aber nur einer von beiden war in der Lage, einen Kasten zum Leuchten zu bringen, der andere nicht.

sSsuuaSsaaWaSseaana schaute noch einmal auf die erste Öffnung: Sie konnte einen Kasten in den vorderen Lichtweg schieben, dann leuchtete entweder dieser auf oder der Kasten hinten rechts. Wenn der Lichtpuls auf den Kasten traf, entschied sich also, was passierte – zeigte der Kasten den Lichtpuls an, konnte dieser jetzt nicht mehr auf dem anderen Weg sein. Es war also nicht so, dass der Lichtpuls von vornherein nur einen Weg ging, er wurde geteilt und ging beide Wege. Doch sobald der Lichtpuls auf einen Kasten traf, entschied sich, ob er angezeigt wurde oder ob er dann eindeutig auf dem anderen Weg war.

sSsuuaSsaaWaSseeana ging weiter zur dritten Öffnung. Wenn sie den Kasten nicht in einen der Lichtwege schob, leuchtete immer der rechte Kasten auf, wenn sie den Kasten in einen Lichtweg schob, entweder dieser oder einer der beiden anderen. Auch das passte in das – verwirrende – Bild, das sie sich gemacht hatte: Der Lichtpuls teilte sich am ersten Teiler und befand sich zunächst auf beiden Wegen. Wenn der Kasten in der Mitte einen der Lichtwege unterbrach, entschied sich, ob dieser Kasten aufleuchtete oder nicht. Tat er es, konnte der Lichtpuls nicht auf dem anderen Weg sein, tat er es nicht, war der Lichtpuls auf dem anderen Weg, erreichte den zweiten Teiler, von dort die dahinterliegenden Kästen und brachte einen von ihnen zum Aufleuchten.

Die vierte Öffnung enthielt eine Anordnung mit zwei Verzögerern. sSsuuaSsaaWaSseeana dachte an die vorige Kammer zurück, die ebenfalls einen Verzögerer enthalten hatte. Was sie dort in der letzten Öffnung gesehen hatte, passte zu ihrem bisherigen Bild: Ein Lichtpuls wurde geteilt, der durchgelassene Teil erreichte den Kasten und dort entschied sich auf irgendeine Weise, ob der Lichtpuls jetzt hier angezeigt wurde oder nicht. Wenn ja, leuchtete der Kasten auf, wenn nein, befand er sich im Verzögerer und sie konnte den Kasten in die andere Position schieben und den Lichtpuls dort finden.

Bei der Anordnung in der letzten Öffnung dieser Kammer dagegen wurde das Licht hinter dem ersten Teiler einfach auf beiden Wegen verzögert. Durch Einschieben des zweiten Teilers konnte sie bestimmen, ob nur der rechte Kasten erreicht werden konnte oder auch der hintere.

Dass sie den Teiler einschieben konnte, nachdem der Lichtpuls bereits geteilt war, zeigte noch einmal ganz deutlich, dass der Lichtpuls beide Wege ging. Beide Teilpulse, die zum hinteren Kasten liefen, hoben sich auf, die beiden, die zum rechten Kasten liefen, dagegen nicht, so dass nur der rechte Kasten erreicht wurde. Der Lichtpuls lief also auf beiden Wegen. Ohne Teiler dagegen gab es keine Überlagerung unterschiedlicher Wellen: Ein Teil des Lichtpulses nahm den hinteren Weg, ein Teil den vorderen. Sobald einer der beiden (oder beide) den Kasten erreichte, entschied sich, welcher der beiden Kästen aufleuchtete.

Der Lichtpuls verhielt sich also so, wie sie es von einer Welle erwarten würde, jedoch nur, solange er nicht auf einen Kasten traf. An einem Kasten entschied sich, ob der Lichtpuls hier war oder nicht, hier verhielt er sich wie eine unteilbare Einheit. Wie so etwas passieren sollte, war sSsuuaSsaaWaSseaana unklar: Was geschah genau, wenn ein Lichtpuls auf einen Teiler traf und dann beide Wege ging? Die beiden Pulse trafen auf die beiden Kästen und dort entschied sich, wo der Puls tatsächlich war, entweder bei einem Kasten oder beim anderen. Was würde passieren, wenn die beiden Kästen sehr weit voneinander entfernt waren? Bevor einer der geteilten Lichtpulse einen der Kästen erreichte, gab es noch beide Möglichkeiten, dann leuchtete ein Kasten auf und die andere Möglichkeit verschwand. Wenn ein Lichtpuls wie eine Welle war, würde sich die Welle verändern müssen, sobald ein Kasten erreicht wurde, und zwar auch weit entfernt von diesem Kasten. Wurde sie an diesem Kasten angezeigt, verschwand die Welle auf dem anderen Weg und umgekehrt. Es schien also so zu sein, als würde der Kasten, der den Lichtpuls anzeigte, dafür sorgen, dass von zwei Möglichkeiten genau eine realisiert wurde.

Es war eine verwirrende Sicht der Dinge und sSsuuaSsaaWaSseaaNna war sich nicht sicher, ob sie glauben sollte, dass Licht sich tatsächlich in dieser Weise verhalten würde. Aber zumindest war es eine Vorstellung, die zu allem passte, das sie beobachtet hatte.

Quantenmechanik

Auszug aus einem Science-News-Network-Interview mit Takumi Mitarashi, Leiter des PALADIN*-Projekts, 4.8.2119*

SNN: Ich würde Sie gern bitten, uns etwas mehr über die Details der Versuche zu erzählen, die im PALADIN-Projekt verwendet werden. Eine ganz besondere Rolle scheinen ja Spiegel zu spielen, die Licht teilweise durchlassen und teilweise reflektieren.

Takumi Mitarashi: Das ist richtig. Sie kennen solche halbdurchlässigen Spiegel vielleicht aus Kriminalfilmen: Die Verbrecher werden in einem Raum verhört, in dem eine Seite mit einem solchen Spiegel versehen ist. Licht aus dem Raum wird vom Spiegel reflektiert; wer im Verhörraum ist, sieht also einen ganz normalen Spiegel.

Tatsächlich ist der Spiegel teilweise lichtdurchlässig; Beobachter hinter dem Spiegel können in den Verhörraum hineinsehen. Solange es auf dieser Seite des Spiegels deutlich dunkler ist als im Verhörraum, fällt nur wenig Licht von hier zurück; deshalb sehen die Verbrecher im Verhörraum nicht, was hier passiert.

SNN: Und warum ist so ein halbdurchlässiger Spiegel für das PALADIN-Projekt so wichtig?

Takumi Mitarashi: Nehmen Sie an, dass Licht auf so einen Spiegel, den wir auch Strahlteiler nennen, fällt. Wir konstruieren den Strahlteiler so, dass genau die Hälfte des Lichts reflektiert wird, die andere Hälfte durchgelassen. Jetzt stellen Sie sich vor, dass Sie das Licht immer schwächer machen.

SNN: Dann muss doch das Licht auf beiden Seiten schwächer werden.

Takumi Mitarashi: Zunächst ja. Aber irgendwann ist der Punkt erreicht, wo das Licht nicht mehr geteilt werden kann. Mit bloßem Auge können Sie es jetzt nicht mehr erkennen, aber wenn Sie je einen Detektor in den beiden möglichen Lichtwegen haben, registriert entweder der eine oder der andere Detektor Licht mit einer bestimmten Energie, ein sogenanntes Lichtquant.

SNN: Das bedeutet, dass das Licht aus Teilchen besteht, nicht wahr?

Takumi Mitarashi: Richtig. Wir nennen die Lichtquanten auch Photonen.

SNN: Das verwirrt mich ein wenig. Ich dachte, Licht wäre eine Welle aus elektrischen und magnetischen Feldern, eine elektromagnetische Welle?

Takumi Mitarashi: Das ist eine Beschreibungsweise, die dann gut funktioniert, wenn Sie es mit großen Mengen von Licht zu tun haben. Dann kann man Licht sehr gut als elektromagnetische Welle beschreiben, bei der das elektrische und magnetische Feld sich räumlich und zeitlich verändern. Beim sichtbaren Licht liegt die Wellenlänge im Bereich von 400 bis 800 nm.

SNN: Die Wellenlänge ist was?

Takumi Mitarashi: der Abstand zwischen zwei Wellenbergen. Wenn Sie die Welle an einem Ort betrachten, schwingt sie einige Hundert Billionen Mal pro Sekunde auf und ab, eine Zahl, die wir die Frequenz nennen. Weil die Wellenlänge so kurz und die Frequenz so hoch ist, bemerken wir den Wellencharakter des Lichts normalerweise nicht (Abb. 4.7).

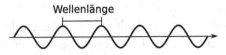

Abb. 4.7 Licht kann als Welle beschrieben werden, die sich mit Lichtgeschwindigkeit bewegt

SNN: Aber das gilt nicht mehr, wenn wir es mit Photonen zu tun haben?

Takumi Mitarashi: Richtig. Denken Sie an die gewöhnliche Materie: Objekte, mit denen wir es im Alltag zu tun haben, sind groß und wir merken nicht, dass sie tatsächlich aus Atomen bestehen, aber wenn Sie sie immer weiter teilen, wird der Aufbau aus Atomen sehr deutlich.

Bei Licht ist es ähnlich: Ist die Lichtmenge groß, ist die Beschreibung als elektromagnetische Welle sinnvoll, aber wenn Sie die Lichtintensität immer weiter verringern, merken Sie schließlich, dass Sie Licht nur in Paketen einer bestimmten Größe absorbieren können. Der Erste, der das erkannte, war Max Planck, der für diese Pakete den Begriff Quant einführte. Ihm zu Ehren wird die Naturkonstante, die die Energiemenge der Lichtquanten bestimmt, Planck'sches Wirkungsquantum genannt.

SNN: Licht besteht also aus Teilchen, die Photonen oder Lichtquanten heißen. Ich nehme an, deswegen heißt die Theorie, mit der man sie beschreibt, auch Quantentheorie.

Takumi Mitarashi: Das ist richtig. Der Begriff ist allerdings etwas irreführend, weil die Quantentheorie, oft auch Quantenmechanik genannt, generell das Verhalten der Materie auf fundamentaler Ebene beschreibt. Das heißt, nicht, dass alle Größen in der Quantenmechanik immer nur bestimmte Werte annehmen können. Ein Elektron, das sich frei bewegt, kann beliebige Werte der Energie haben, trotzdem ist die Theorie, die es beschreibt, die Quantenmechanik.

SNN: Eigentlich hatten wir ja gerade diskutiert, was passiert, wenn ein einzelnes Photon auf einen Strahlteiler trifft. Es kann nicht geteilt werden, weil es ja ein Teilchen mit einer bestimmten Energiemenge ist, also wird es entweder reflektiert oder durchgelassen. Wodurch wird das bestimmt? Durch den Zufall?

Takumi Mitarashi: Das wäre die naheliegende Schlussfolgerung. So einfach ist es allerdings nicht. Tatsächlich befindet sich das Photon hinter dem Strahlteiler zunächst in einem Zustand, den wir als Überlagerungszustand bezeichnen. Es befindet sich in gewisser Weise auf beiden Wegen gleichzeitig. Erst wenn das Photon auf einen Detektor trifft, wird es dort entweder gemessen oder nicht. Messen wir das Photon hinter dem Spiegel, dann wissen wir, dass es jetzt hier ist beziehungsweise war, denn beim Messen wird das Photon ja absorbiert. Messen wir es hier nicht, wissen wir sicher, dass wir es auf dem anderen Lichtweg finden werden. Hier entscheidet dann tatsächlich der Zufall.

SNN: Das heißt wir wissen jetzt, dass das Photon tatsächlich diesen Weg gegangen ist und durch den Spiegel durchgelassen wurde.

Takumi Mitarashi: Nein, das ist leider eine zu einfache Schlussfolgerung. Das Photon ist in einem Überlagerungszustand aus reflektiert und durchgelassen, bis es tatsächlich gemessen wird.

SNN: Warum? Ich stelle es mir vor, als ob ich eine Münze werfe, vielleicht in einer verschlossenen Kiste. Ich schüttele die Kiste und die Münze bleibt schließlich mit einer Seite oben liegen. Bevor ich die Kiste öffne, weiß ich natürlich nicht, welche Seite es ist, trotzdem ist die Münze doch nicht in einem Überlagerungszustand aus Kopf und Zahl.

Takumi Mitarashi: Für makroskopische Objekte, wie sie uns im Alltag begegnen, ist das richtig. Aber Photonen, Elektronen und andere Elementarteilchen können tatsächlich in solchen Überlagerungszuständen existieren.

SNN: Aber wie kann man das nachweisen? Wenn das Photon auf einen Detektor trifft, schlägt dieser entweder an, und wir wissen, dass das Photon hier ist, oder er schlägt nicht an, und wir wissen, dass es den anderen Weg gegangen ist. Oder können wir das Photon in irgendeiner Weise gleichzeitig an zwei Stellen messen, sowohl reflektiert als auch durchgelassen?

Takumi Mitarashi: Direkt geht das nicht, Sie messen immer nur ein ganzes Photon, niemals ein halbes. Trotzdem kann man nachweisen, dass sich nicht direkt am Strahlteiler entscheidet, welchen Weg das Photon geht. Dazu verwenden wir eine Anordnung, die Interferometer genannt wird, genauer gesagt, Mach-Zehnder-Interferometer. Diese Anordnung ist die zentrale Komponente im dritten Raum unserer Lander (Abb. 4.8).

In einem solchen Interferometer haben wir zwei Strahlteiler. Sie können selbst einmal überlegen, was bei dieser Anordnung passieren wird.

SNN: Das Photon trifft auf den ersten Strahlteiler und wird durchgelassen oder reflektiert. Dann folgt es einem der beiden Wege, wird mit einem Spiegel umgelenkt und trifft wieder auf einen Strahlteiler, wo es wieder durchgelassen oder reflektiert wird.

Takumi Mitarashi: Sie würden deshalb erwarten, dass jedes ausgesandte Photon eine Wahrscheinlichkeit von 50 % hat, in jedem der beiden Detektoren zu landen, richtig?

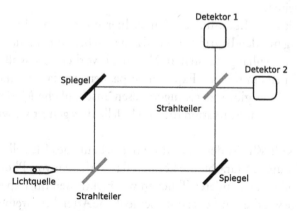

Abb. 4.8 Das Mach-Zehnder-Interferometer

SNN: Ja, natürlich.

Takumi Mitarashi: Das ist aber nicht das, was wir tatsächlich beobachten. Wenn Sie das Experiment tatsächlich mit einzelnen Photonen so durchführen, sehen Sie, dass alle Photonen Detektor 2 erreichen und keines Detektor 1.

Wenn Sie dagegen einen der beiden Wege versperren, indem Sie beispielsweise einen weiteren Detektor dort platzieren, messen Sie das Photon entweder, mit 50 % Wahrscheinlichkeit, an diesem Detektor oder, mit jeweils 25 % Wahrscheinlichkeit, an einem der anderen beiden.

SNN: Das ist seltsam. Wenn also beide Wege für das Photon möglich sind, kann es Detektor 1 nicht erreichen, obwohl es den Detektor auf jedem der beiden Wege für sich betrachtet erreichen kann?

Takumi Mitarashi: So ist es. Wenn das Photon zwei Wege zur Verfügung hat, können die beiden Möglichkeiten miteinander wechselwirken oder interferieren, wie wir auch sagen.

SNN: Wir haben also zwei Möglichkeiten, aber wenn beide Möglichkeiten gegeben sind, ist das Ergebnis sozusagen nicht einfach die Summe der beiden einzelnen Möglichkeiten, sondern etwas anderes? Ich finde das schwer zu verstehen.

Takumi Mitarashi: Ich denke, hier muss man sehr vorsichtig mit den Begriffen sein. Was genau bedeutet in diesem Zusammenhang „verstehen"? Wenn Sie vorhersagen wollen, was in einem solchen Experiment passiert, ist das durchaus möglich, es gibt sogar einigermaßen anschauliche Modelle dazu. Die Interpretation dieser Modelle dagegen ist schwierig.

SNN: Was ist denn das für ein anschauliches Modell?

Takumi Mitarashi: Sie können das Verhalten von Photonen oder auch anderen Teilchen wie Elektronen für Experimente wie diese auf zwei unterschiedliche Arten beschreiben.

Die beiden Arten sind mathematisch äquivalent, verwenden allerdings eine etwas andere Anschauung.

Die Beschreibung, die historisch zuerst entdeckt wurde, ist die sogenannte Wellenmechanik. Sie wurde zuerst für Elektronen entwickelt.

Für Licht ist das tatsächlich ein wenig schwieriger, ich erkläre Ihnen jetzt nur, wie es im Prinzip funktioniert, aber ein paar mathematische Fallstricke ignoriere ich dabei.

SNN: Ich bitte darum.

Takumi Mitarashi: Ich sage das auch nur dazu, damit sich nicht jemand später beschwert, ich hätte Ihnen etwas Falsches erklärt.

Leicht vereinfacht können Sie Licht als eine Welle beschreiben, die auf- und abschwingt und sich mit Lichtgeschwindigkeit ausbreitet, ganz ähnlich wie im Bild der elektromagnetischen Welle.

Solche Wellen können miteinander wechselwirken, man spricht auch hier wieder von Interferenz. Wenn ein Wellenberg auf einen Wellenberg trifft, verstärken sich beide; trifft ein Wellenberg auf ein Wellental, löschen sie sich aus (Abb. 4.9).

Betrachten Sie wieder unser Interferometer. Nehmen Sie an, eine Welle trifft auf den Strahlteiler und wird dort aufgespalten. Ein Teil der Welle wird durchgelassen, ein anderer

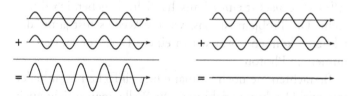

Abb. 4.9 Interferenz zweier Lichtwellen. Sind die Wellen im Takt, so dass Wellenberg auf Wellenberg trifft und Wellental auf Wellental, verstärken sie sich. Sind sie im Gegentakt (Wellenberg trifft auf Wellental), löschen sie sich aus

Teil wird reflektiert. Die beiden Teilwellen schwächen sich dabei ab.

Die reflektierte Welle wird zusätzlich auch noch verzögert, ihre Wellenberge und -täler verschieben sich, und zwar um ein Viertel der Wellenlänge.

Die beiden Teilwellen laufen jetzt weiter, werden reflektiert, treffen auf den zweiten Strahlteiler, wo sie wieder reflektiert oder durchgelassen werden.

Bei Detektor 1 haben wir jetzt eine Welle, die zweimal an einem Strahlteiler reflektiert wurde, die auf eine Welle trifft, die zweimal durchgelassen wurde. Die Welle, die zweimal reflektiert wurde, wurde dabei zweimal um ein Viertel Wellenlänge verzögert, insgesamt also um eine halbe Wellenlänge. Damit trifft hier Wellenberg auf Wellental und Wellental auf Wellenberg. Die beiden Wellen löschen sich also aus.

Beim Detektor 2 dagegen haben wir zwei Teilwellen, die beide einmal reflektiert und einmal durchgelassen wurden. Die beiden Wellen schwingen immer noch im Gleichtakt und verstärken sich deshalb gegenseitig.

Sie sehen also, dass sich mit diesem Bild erklären lässt, warum nur Detektor 2 erreicht wird.

SNN: Ja, das sehe ich. Ich finde dieses Bild eigentlich recht eingängig. So ganz sehe ich nicht, warum man der Quantenmechanik nachsagt, so unanschaulich zu sein.

Takumi Mitarashi: Das Bild der sich ausbreitenden Welle selbst ist zunächst einmal anschaulich, da geben ich Ihnen recht. Das Problem ist, dass wir die Welle selbst ja nie detektieren können – was wir in einem Detektor messen, ist immer ein Photon.

Betrachten Sie noch einmal einen einfachen Strahlteiler mit zwei Detektoren dahinter. Die Welle, man spricht auch von der Wellenfunktion, teilt sich also am Strahlteiler in zwei Teile. Diese beiden Teilwellen laufen dann zu den beiden Detektoren. Die Frage ist jetzt, was passiert, wenn einer der beiden Detektoren anspricht.

SNN: Dann wurde das Teilchen dort gemessen.

Takumi Mitarashi: Richtig. Wir hatten bisher noch nicht darüber gesprochen, was die Wellenfunktion eigentlich bedeutet. Die Wellenfunktion sagt uns, mit welcher Wahrscheinlichkeit wir das Photon an einem bestimmten Ort messen können. Ist sie klein, ist die Wahrscheinlichkeit klein, ist sie groß, ist die Wahrscheinlichkeit groß. Genauer gesagt müssen Sie den Wert der Wellenfunktion an einem Ort mit sich selbst multiplizieren, um die Wahrscheinlichkeit zu berechnen, dass Sie das Photon hier finden.

Die entscheidende Frage ist die Folgende: Was passiert mit der Wellenfunktion, wenn wir das Photon an einem Ort gemessen haben? Wir wissen dann sicher, dass es hier ist. Die Wahrscheinlichkeit, das Teilchen am anderen Detektor zu finden, ist also jetzt gleich null, direkt vor der Messung war sie es noch nicht. Man nennt das auch den Kollaps der Wellenfunktion.

SNN: Sobald die Messung stattfindet, ändert sich also die Wellenfunktion.

Takumi Mitarashi: So ist es, und zwar schlagartig. Nehmen Sie an, die beiden Detektoren stünden sehr weit auseinander. Trotzdem kann sich die Messung des Teilchens bei einem der Detektoren unmittelbar auf die Wellenfunktion am anderen Detektor auswirken. Die Wellenfunktion ändert sich also sprunghaft an zwei weit entfernten Orten.

SNN: Und das ist ein Problem?

Takumi Mitarashi: Es ist zumindest anders als alles, was wir aus der klassischen Physik kennen. Dort breitet sich eine Wirkung immer von einem Ort zum nächsten aus, hier dagegen ändert sich die Welle an einem Ort sprunghaft, abhängig davon, was weit entfernt passiert. Man kann zwar allein durch den Kollaps der Wellenfunktion keine Informationen übertragen, aber eine solche instantane Änderung über große Entfernungen erscheint doch seltsam und unintuitiv. Einstein sprach deshalb auch von einer „spukhaften Fernwirkung".

SNN: Ich verstehe.

Sie sagten ja, dass es noch eine andere Möglichkeit gibt, sich die Vorgänge zu veranschaulichen.

Takumi Mitarashi: Richtig. Diese Beschreibung trägt den Namen Pfadintegralmethode. Im Englischen redet man auch gern von einer „sum over histories", also der Summe aller möglichen Vorgeschichten.

Das Prinzip dahinter ist das Folgende: Wenn Sie wissen wollen, mit welcher Wahrscheinlichkeit etwas passiert, beispielsweise, dass ein Detektor aufleuchtet, weil ein Photon ihn erreicht, müssen Sie alle Möglichkeiten betrachten, die zu diesem Ergebnis führen und diese addieren. Das Ergebnis liefert Ihnen dann die Wahrscheinlichkeit.

SNN: Das steht doch im Widerspruch zu dem, was das Interferometer zeigt: Dort habe ich doch genau eine solche Überlegung angestellt: Ich habe für jeden der beiden möglichen Wege betrachtet, was passieren würde. Das Photon hat eine Wahrscheinlichkeit von 50 %, am ersten Strahlteiler durchgelassen zu werden, ebenso am zweiten Strahlteiler, insgesamt also 25 %. Oder es kann am ersten und zweiten Strahlteiler reflektiert werden, die Wahrscheinlichkeit dafür ist wieder 25 %. Insgesamt sollte es also als Summe eine Wahrscheinlichkeit von 50 % dafür geben, dass das Photon Detektor 1 erreicht, aber genau das passiert doch nicht?

Takumi Mitarashi: Das ist richtig. Die Regeln für das Summieren der einzelnen Möglichkeiten sind anders, als wir es normalerweise bei Wahrscheinlichkeiten gewohnt sind. Wir reden deshalb nicht von Wahrscheinlichkeiten, sondern von Wahrscheinlichkeitsamplituden. Solche Wahrscheinlichkeitsamplituden werden mit sogenannten komplexen Zahlen beschrieben.

SNN: Ich muss zugeben, dass meine Mathematikkenntnisse eher begrenzt sind.

Takumi Mitarashi: Das macht nichts – die Regeln sind zwar ungewöhnlich, aber vergleichsweise einfach.

Am Anfang hat das Photon nur eine Möglichkeit, es kommt aus der Lichtquelle und wir wissen jetzt, wo es sich aufhält. Die zugehörige Zahl, die Wahrscheinlichkeitsamplitude, hat einen Wert von 1, weil wir mit hundertprozentiger Sicherheit wissen, wo sich das Teilchen aufhält.

Wenn das Photon auf einen Strahlteiler trifft, gibt es zwei Möglichkeiten: Reflexion oder Durchlass. Zu jeder dieser Möglichkeiten gehört eine Zahl, eine Wahrscheinlichkeitsamplitude. Für das durchgelassene Photon hat sie jetzt einen Wert von etwa 0,71.

SNN: Warum gerade 0,71?

Takumi Mitarashi: Um die Wahrscheinlichkeit zu bestimmen, müssen wir die Wahrscheinlichkeitsamplitude mit sich selbst multiplizieren. Würden wir hinter dem Strahlteiler einen Detektor aufstellen, wäre die Wahrscheinlichkeit genau ein halb, also $0,71 \cdot 0,71$. Dabei habe ich die Zahlen leicht aufgerundet, etwas genauer ist der Wert $0,70710678\ldots$

SNN: Und für den anderen Weg, auf dem das Photon reflektiert wird, gilt dasselbe?

Takumi Mitarashi: Fast. Auch hier ist der Betrag der Wahrscheinlichkeitsamplitude 0,71, die Wahrscheinlichkeit ist also auch hier 50 %. Allerdings kommt hier noch eine Komplikation hinzu: Komplexe Zahlen haben nicht nur einen Betrag, sondern zusätzlich eine Größe, die man als Phase bezeichnet.

SNN: Darunter kann ich mir wenig vorstellen.

Takumi Mitarashi: Denken Sie an einen Zahlenstrahl. Die positiven Zahlen tragen wir nach rechts auf, die negativen nach links. Nehmen Sie an, Sie multiplizieren eine Zahl, sagen wir die Zahl 0,71, mit -1. Sie können das auf dem Zahlenstrahl darstellen, indem Sie den Punkt an der Mittellinie bei 0 spiegeln (Abb. 4.10).

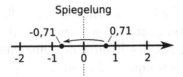

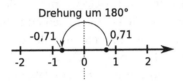

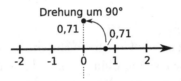

Abb. 4.10 Eine negative Zahl kann man im Zahlenstrahl aus einer positiven durch Spiegeln oder durch Drehung um 180° erzeugen. Dreht man stattdessen um 90°, entsteht eine Zahl abseits des gewöhnlichen Zahlenstrahls, eine komplexe Zahl

Stattdessen können Sie sich vorstellen, dass Sie den Punkt entlang eines Kreises um 180° gedreht haben.

SNN: Ich sehe noch nicht so recht, was für einen Unterschied das macht.

Takumi Mitarashi: Sie können die Zahl −0,71 also auch auffassen als die Zahl 0,71, die Sie um 180° gedreht haben. Denken Sie wieder an unser Photon, das am Strahlteiler reflektiert wird. Seine Wahrscheinlichkeitsamplitude ist gleich der Zahl 0,71, allerdings jetzt nicht um 180° rotiert, sondern um 90°.

SNN: Dann liegt sie aber nicht mehr auf dem Zahlenstrahl. Das geht doch gar nicht.

Takumi Mitarashi: Nicht, wenn Sie nur an die gewöhnlichen Zahlen denken, die sogenannten reellen Zahlen. Aber komplexe Zahlen gehen über die gewöhnlichen Zahlen hinaus, eine komplexe Zahl hat immer einen Wert, den Betrag, sowie einen Drehwinkel, die Phase.

SNN: Warum drehen wir dabei gegen den Uhrzeigersinn?

Takumi Mitarashi: Das hat keine tiefere Bedeutung, an der Mathematik würde sich nichts ändern, wenn wir es anders machen würden. Wichtig ist nur, dass Sie immer dieselbe Richtung verwenden.

SNN: Diese ... Wahrscheinlichkeitsamplitude ist also eine solche komplexe Zahl, die einen Betrag und einen Winkel, eine Phase, hat?

Takumi Mitarashi: Genau so ist es. Mit dieser Beschreibung sind die Regeln für das, was an einem Strahlteiler passiert, sehr einfach: Wenn ein Photon mit einer bestimmten Wahrscheinlichkeitsamplitude auf einen Strahlteiler trifft, berechnen wir daraus zwei neue Wahrscheinlichkeitsamplituden, eine für den Fall, dass es durchgelassen wird, eine für den Fall, dass es reflektiert wird.

Für den ersten Fall, bei dem das Photon durchgelassen wird, multiplizieren wir einfach den Betrag der komplexen Zahl mit 0,71. Für den zweiten Fall multiplizieren wir ebenfalls mit 0,71, zusätzlich rotieren wir die Wahrscheinlichkeitsamplitude um 90°.

Mit diesen beiden Regeln können wir jetzt verstehen, was am Interferometer passiert.

SNN: Nach dem ersten Strahlteiler haben wir also zwei Möglichkeiten, eine beschrieben durch die Zahl 0,71 für das durchgelassene Photon, die zweite ist 0,71 mit einer Phase von 90°.

Takumi Mitarashi: Richtig. Auf jedem der beiden Wege wird das Photon einmal an einem Spiegel reflektiert und trifft danach auf den zweiten Strahlteiler. Jetzt haben wir also vier Möglichkeiten.

SNN: Mal sehen. Auf dem vorderen Weg trifft das Photon auf den zweiten Strahlteiler. Wird es dort in Richtung

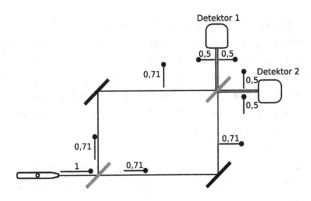

Abb. 4.11 Das Mach-Zehnder-Interferometer mit eingezeichneten Wahrscheinlichkeitsamplituden

von Detektor 1 durchgelassen, wird die Wahrscheinlichkeitsamplitude dabei mit 0,71 multipliziert, hat jetzt also den Wert 0,5. Die Phase ändert sich nicht, sie ist also immer noch null, der Strich, der die Zahl darstellt, zeigt also nach rechts (Abb. 4.11).

Takumi Mitarashi: Richtig.

SNN: Das Photon auf dem vorderen Weg kann auch in Richtung von Detektor 2 reflektiert werden. Seine Länge verringert sich wieder auf 0,5, zusätzlich ändert sich seine Phase um 90°. Im Bild liegt der Punkt jetzt also oberhalb des Zahlenstrahls.

Takumi Mitarashi: Ganz genau. Und was passiert auf dem zweiten Weg?

SNN: Am Anfang haben wir einen Betrag von 0,71 und eine Phase von 90°. Wird das Photon am zweiten Strahlteiler durchgelassen, verringert sich der Betrag wieder auf 0,5, an der Phase ändert sich nichts. Moment, das ist interessant, das Ergebnis ist also dasselbe wie bei dem anderen Weg.

Takumi Mitarashi: Richtig.

SNN: Und die letzte Möglichkeit ist, dass das Photon ein zweites Mal reflektiert wird. Hier wird der Betrag wieder auf

0,5 verkleinert, die Phase dreht sich noch einmal und ist jetzt 180°.

Takumi Mitarashi: Eine Zahl mit Phase 180° ist einfach eine negative Zahl, die Amplitude ist jetzt also insgesamt −0,5.

SNN: Und wie bekommen wir jetzt aus diesen vier Zahlen heraus, was am Detektor gemessen wird?

Takumi Mitarashi: Denken Sie noch einmal an die Regeln für gewöhnliche Wahrscheinlichkeiten: Wenn es zwei Möglichkeiten gibt, dass etwas passieren kann, werden die Wahrscheinlichkeiten addiert. Dasselbe gilt auch für die Wahrscheinlichkeitsamplituden. Sie bekommen also die gesamte Wahrscheinlichkeitsamplitude für jeden Detektor, wenn Sie die einzelnen Werte addieren.

SNN: Bei Detektor 1 habe ich einmal +0,5 für den Weg, auf dem das Photon zweimal durchgelassen wurde, und einmal −0,5 für den Weg, bei dem es zweimal reflektiert wurde. Das ergibt also null.

Takumi Mitarashi: Richtig. Und damit sehen Sie, dass Detektor 1 nicht erreicht werden kann, weil sich die beiden Möglichkeiten genau aufheben.

SNN: Aber was ist mit Detektor 2? Wie funktionieren da die Regeln? Ich habe zweimal die Zahl 0,5 mit einer Phase von 90°. Wie addiere ich die?

Takumi Mitarashi: In diesem Fall, wo die Phase bei beiden gleich ist, ist das ganz einfach: Sie addieren die Beträge, an der Phase ändert sich beim Addieren nichts.

SNN: Also habe ich einen Betrag von 1 und die Phase bleibt 90°?

Takumi Mitarashi: Richtig. Um daraus jetzt die Wahrscheinlichkeit zu bekommen, müssen Sie den Betrag mit sich selbst multiplizieren.

SNN: Nun $1 \cdot 1 = 1$. Und was ist mit der Phase?

Takumi Mitarashi: Die können Sie für die Wahrscheinlichkeit ignorieren, genau wie wir es am Anfang gemacht haben, als wir die Wahrscheinlichkeit hinter dem ersten Strahlteiler betrachtet haben. Sie war für beide Möglichkeiten 0,5, obwohl eine der Möglichkeiten eine Phase von 90° hatte.

SNN: Der Betrag ist also 1 und deshalb sind wir sicher, dass das Photon hier gemessen wird.

Insgesamt kommt die Interferenz also dadurch zu Stande, dass die Wahrscheinlichkeitsamplitude bei der Reflexion ihre Phase um 90° ändert, und bei zwei Reflexionen wird aus einem positiven Wert deshalb ein negativer.

Takumi Mitarashi: Richtig.

SNN: Bei der Beschreibung mithilfe der Wellenfunktion war das ja eigentlich ganz ähnlich – dort wurde die Welle bei jeder Reflexion verschoben, so dass nach zwei Reflexionen aus einem Berg ein Tal wurde. Außerdem hatten wir in beiden Fällen eine Zahl, die mit sich selbst multipliziert die Wahrscheinlichkeit ergibt – einmal war es der Wert der Wellenfunktion, einmal die Wahrscheinlichkeitsamplitude.

Takumi Mitarashi: Das stimmt.

SNN: Bei der Wellenfunktion hatten wir das Problem mit dem Kollaps, sobald das Photon an einem Detektor gemessen wird. Hat man dieses Problem bei der Beschreibung über die Summe der Vorgeschichten nicht?

Takumi Mitarashi: Doch, die Logik ist letztlich dieselbe: Betrachten Sie noch einmal das Photon am Strahlteiler. Nach den Regeln haben Sie eine Wahrscheinlichkeit von je 50 % für jeden Detektor. Diese beiden Wahrscheinlichkeiten sind natürlich nicht unabhängig voneinander. Wenn Sie das Teilchen an einem Punkt gemessen haben, ist die Wahrscheinlichkeit am anderen Punkt natürlich nicht mehr 50 %, sondern null. Auch hier ändert sich die Wahrscheinlichkeit an einem Ort also sprunghaft, sobald Sie das Teilchen gemessen haben. Einen fundamentalen Unterschied macht diese Betrachtungsweise also nicht.

SNN: Damit sind sich beide Beschreibungen insgesamt doch sehr ähnlich. In einem Fall haben wir eine Welle, die sich aufteilt und dann mit sich selbst interferiert, im anderen Fall haben wir ein Teilchen, das mehrere mögliche Wege geht, die am Ende auch miteinander wechselwirken. In beiden Fällen ergibt sich am Detektor eine Wahrscheinlichkeit dafür, das Photon hier zu messen; wenn wir das tun, wissen wir sicher, dass es nicht am anderen Ort ist.

Takumi Mitarashi: Sie haben vollkommen recht, Wellenfunktion und Summe über die Möglichkeiten sind beide Beschreibungen derselben Theorie, also besitzen sie auch viele Ähnlichkeiten.

SNN: Ein zentraler Unterschied scheint mir, dass die Wellenfunktion eben das Bild einer Welle verwendet, während die Summe über die Möglichkeiten Photonen als, wenn auch seltsame, Teilchen beschreibt.

Takumi Mitarashi: Sie kennen vielleicht den Begriff des Welle-Teilchen-Dualismus, die Frage, ob ein Quantenobjekt wie ein Photon nun eine Welle oder ein Teilchen ist. Die Quantenmechanik zeigt uns, dass es Aspekte von beiden hat, und die beiden Beschreibungen betonen diese Aspekte in unterschiedlicher Weise. Bei der Wellenfunktion verwenden Sie die Beschreibung als Welle, und erst, wenn eine Messung stattfindet und der Kollaps passiert, zeigt sich der Teilchenaspekt.

SNN: Weil wir immer nur ganze Photonen messen können, aber keine Teile von Photonen.

Takumi Mitarashi: Genau. Umgekehrt beschreibt die Summe über alle Möglichkeiten das Verhalten von Teilchen, aber am Ende können diese Möglichkeiten miteinander interferieren, so, wie wir es eigentlich von Wellen kennen. Unsere Vorstellungen sind durch unsere Alltagserfahrungen geprägt und beruhen deshalb auf den Ideen der klassischen Physik, in der Wellen und Teilchen getrennte Konzepte sind. In der Quantenmechanik ist diese scharfe Trennung aufgehoben.

5

Richtungen

T'lik'tik war gleichzeitig gespannt und besorgt, ob der nächste Raum weitere, ähnlich verwirrende Erkenntnisse für ihn bereithalten würde. Der Aufbau in der ersten Öffnung sah einfach aus, enthielt allerdings etwas, das T'lik'tik bisher nicht gesehen hatte: Eine dünne runde Scheibe mit einer Art Draht, der am oberen und unteren Ende herausragte, befand sich zwischen dem Zylinder links und dem Kasten rechts. Wie üblich gab es einen Stein beim Zylinder, dazu zwei weitere bei der Scheibe (Abb. 5.1).

T'lik'tik aktivierte den Zylinder, ohne darüber nachzudenken. Der Kasten auf der rechten Seite leuchtete auf, allerdings nicht im regelmäßigen Takt von vier Tentakelschlägen, den die Erhebung auf dem Zylinder anzeigte, sondern so, als würden nur einige der Lichtkörnchen ihn erreichen, andere nicht. Mit einem der beiden anderen Steine ließ sich die Scheibe verschieben, sodass sie den Weg der Lichtkörnchen nicht mehr unterbrach. Das Aufleuchten des Kastens wurde wieder regelmäßig.

© Der/die Autor(en), exklusiv lizenziert an Springer-Verlag GmbH, DE, ein Teil von Springer Nature 2023
M. Bäker, *Das Quantenrätsel*,
https://doi.org/10.1007/978-3-662-67299-0_5

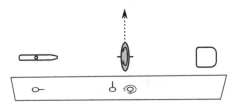

Abb. 5.1 Vierter Raum, erste Öffnung, Aufsicht

T'lik'tik schob die Scheibe wieder zurück und zählte. Der Kasten rechts schien etwa von jedem zweiten Lichtkörnchen erreicht zu werden, ähnlich wie bei einem Teiler, bei dem nur die Hälfte der Körnchen durchgelassen wurde. Die Scheibe schien also Lichtkörnchen gelegentlich einfach zu verschlucken, denn T'lik'tik konnte nicht sehen, dass etwas anderes passierte, wenn ein Körnchen den Kasten rechts nicht traf.

T'lik'tik versuchte, den dritten Stein zu verschieben, aber es gelang ihm nicht. Stattdessen ließ sich dieser Stein in kleinen Schritten drehen. Bei jedem Schritt drehte sich auch die Scheibe, sodass der Draht in andere Richtungen zeigte, nach drei Schritten war sie um ein Achtel verdreht, nach vier Schritten um ein Sechstel, nach sechs um ein Viertel (Abb. 5.2). Am Verhalten der Lichtkörnchen änderte dies allerdings nichts, etwa jedes zweite erreichte zufällig den Kasten auf der rechten Seite, egal in welche Richtung der Draht zeigte. Was genau die Funktion der Scheibe war, erschloss sich T'lik'tik nicht, aber inzwischen hatte er hinreichend Vertrauen in die Schöpfer des Himmelssteins gefasst, um davon auszugehen, dass die nächsten Öffnungen weitere Hinweise geben würden.

Langsam wurde die Menge der Objekte in den Öffnungen ein wenig unüberschaubar. T'lik'tik zählte sie für sich noch einmal auf: Es gab den Zylinder, der Licht aussandte, den Kasten, der Lichtkörnchen anzeigen konnte, die Wand, die er bisher nur im ersten Raum gesehen hatte, gewöhnliche

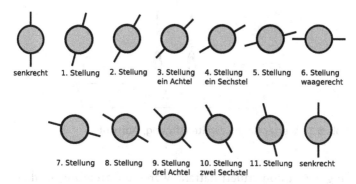

Abb. 5.2 Die unterschiedlichen Richtungen der Scheibe

Spiegel und Teiler, und jetzt die Scheiben mit dem Draht. T'lik'tik überlegte noch einmal, richtig, es gab auch noch den Verzögerer, der Lichtkörnchen für eine Zeit zurückhielt. T'lik'tik war stolz auf sich, dass er die Funktionsweise all dieser Objekte verstanden hatte, doch seine Selbstzufriedenheit erhielt einen Dämpfer, als ihm klar wurde, dass die Erbauer des Himmelssteins diese Objekte nicht bloß verstanden, sondern ersonnen und gebaut hatten. Er konnte sich nicht einmal vorstellen, wie man etwas wie den Zylinder bauen würde, der Licht so genau kontrolliert aussenden konnte.

Natürlich wusste er nichts über die Erbauer des Himmelssteins oder darüber, wie lange sie gebraucht hatten, um sich all dies auszudenken oder es zu bauen. Dass er bisher in der Lage gewesen war, die Rätsel zu lösen und von einem Raum in den nächsten zu gelangen, schien ihm darauf hinzudeuten, dass sein Verstand ähnlich arbeitete, wie die Erbauer des Himmelssteins es erwartet hatten.

Vielleicht würden auch Steinlinge eines Tages in der Lage sein, Dinge zu bauen, die hoch aufragten wie der Himmelsstein, wie die eisernen Tentakel von Mur'Bk. T'lik'tik erstarrte. War es möglich, dass die Tentakel von Mur'Bk genau das waren? Die Überreste von etwas, das Steinlinge vor

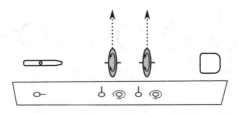

Abb. 5.3 Vierter Raum, zweite Öffnung, Aufsicht

langer Zeit konstruiert hatten? Waren die Steinlinge früher mächtiger gewesen als heute und hatten ihr Wissen verloren? Wussten die Weisen davon? Hatte K'sul'kat ihn deswegen zu den Tentakeln geschickt?

T'lik'tik konnte es kaum erwarten, den Weisen diese Fragen zu stellen. Doch zunächst musste er das Rätsel des Himmelssteins erkunden, so, wie sie es ihm aufgetragen hatten.

Die Anordnung in der zweiten Öffnung war ähnlich, enthielt allerdings zwei der Scheiben mit dem Draht. Da eine Scheibe etwa die Hälfte der Lichtkörnchen verschluckte, vermutete T'lik'tik, dass die zweite Scheibe das auch tun würde und dass entsprechend nur noch ein Viertel der Körnchen den Kasten erreichen würde. Doch als er das Licht aktivierte, sah er, dass es nicht so war: Nach wie vor erreichte etwa jedes zweite Körnchen den Kasten (Abb. 5.3).

Unter jeder der Scheiben befanden sich zwei Steine. T'lik'tik drehte den rechten Stein unter der zweiten Scheibe, sodass sich die Scheibe ebenfalls drehte. War es eine Täuschung oder leuchtete der Kasten jetzt tatsächlich seltener auf? Er drehte die Scheibe weiter, bis der zweite Draht nicht senkrecht, sondern genau zur Seite zeigte. Der Kasten blieb dunkel. Anscheinend verschluckte die zweite Scheibe jetzt alle Lichtkörnchen, die von der ersten durchgelassen wurden.

T'lik'tik begann herumzuprobieren. Wenn er beide Scheiben aus dem Lichtweg entfernte, erreichte natürlich jedes Lichtkörnchen den Kasten, Schob er eine der beiden Scheiben in den Lichtweg, dann war es nur die Hälfte der Lichtkörnchen. Nahm er die zweite Scheibe hinzu, änderte sich nichts am Verhalten der Lichtkörnchen, wenn die beiden Drähte in dieselbe Richtung zeigten, es war immer etwa die Hälfte. Wenn er die Scheiben nur wenig gegeneinander verdrehte, nahm die Zahl der Lichtkörnchen nur wenig ab. Verdrehte er die Scheiben dagegen stärker, wurden es immer weniger, zeigten die Drähte im rechten Winkel zueinander, kam kein Licht mehr an. Dabei war es vollkommen egal, welche Richtung die erste Scheibe hatte, entscheidend war der Unterschied zwischen der Stellung der ersten und der der zweiten Scheibe.

T'lik'tik griff in seinen Tragbeutel und holte eins seiner kostbarsten Besitztümer heraus: die Schreibtafel, die ihm D'pit'rag übergeben hatte, als er als Schüler angenommen worden war. Sie war mit dem Wachs des Matula-Baums überzogen, der sehr selten war, und nur wenige Steinlinge besaßen eine solche Tafel.

Er stellte beide Scheiben wieder senkrecht und wartete so lange, bis 64 Lichtkörnchen ausgesandt waren. Dabei zählte er die Anzahl der Lichtkörnchen, die den Kasten erreichten, und notierte das Ergebnis. Es erreichten 31 Körnchen den Kasten. Das war nicht überraschend; jedes Körnchen, das die erste Scheibe passierte, passierte auch die zweite; dass es nicht genau die Hälfte war, lag sicherlich daran, dass der Zufall entschied, ob ein Lichtkörnchen die erste Scheibe durchquerte oder nicht.

Er probierte weitere Stellungen aus. Zunächst verdrehte er die zweite Scheibe nur um einen Schritt, dann um zwei Schritte und immer weiter. Jedes Mal wartete er ab, bis 64 Lichtkörnchen ausgesandt waren und notierte die Zahl der durchgekommenen Lichtkörnchen

Senkrecht	31
1. Stellung	30
2. Stellung	25
3. Stellung	17
4. Stellung	9
5. Stellung	2
Waagerecht	0
7. Stellung	2
8. Stellung	7
9. Stellung	16
10. Stellung	22
11. Stellung	28
Senkrecht	34

T'lik'tik betrachtete die Zahlen und versuchte, in ihnen ein System zu erkennen. Bei einer Verdrehung um ein Achtel (also der 3. Stellung) war es etwa ein Viertel der Lichtkörnchen, die durchkamen, also die Hälfte derer, die die erste Scheibe durchquerten. Das erschien ihm logisch, denn diese Stellung lag ja gewissermaßen in der Mitte zwischen der senkrechten und der waagerechten Stellung.

Es schien aber so zu sein, als würde die Zahl der durchkommenden Lichtkörnchen stärker abnehmen, wenn die zweite Scheibe um mehr als ein Achtel verdreht war. Bei einer Verdrehung um ein Sechstel (der 4. Stellung) war die Scheibe um zwei Drittel gegen die senkrechte Position verdreht und um ein Drittel gegen die waagerechte. Es wäre also plausibel, dass hier nur noch ein Drittel der Lichtkörnchen ankamen, die die erste Scheibe durchquerten. Bei 64 Lichtkörnchen hätte er also etwa elf erwartet, es waren aber nur neun. Bei der fünften Stellung war die Zahl schließlich sehr klein.

Das mochte natürlich Zufall sein. Jeder Steinling, der schon einmal Kieselwerfen gespielt hatte, wusste, dass bei nur wenigen Würfen auch sehr unwahrscheinliche Folgen entstehen konnten. T'lik'tik selbst hatte sogar einmal fünf Spitzwürfe hintereinander geworfen.

Also begann T'lik'tik einen neuen Versuch. Er stellte die zweite Scheibe wieder in die vierte Stellung und wartete erneut 64 Lichtkörnchen ab. Diesmal waren es 8 Lichtkörnchen, die durchkamen; zusammen mit seinem ersten Versuch also 17 von 128, also etwas mehr als ein Viertel der 64 Lichtkörnchen, die die erste Scheibe durchqueren würden. Wäre es das erwartete Drittel gewesen, hätten es eher 21 Lichtkörnchen sein sollen.

Der Unterschied erschien T'lik'tik allerdings nicht besonders groß. Aber Geduld war eine Tugend, wie zu betonen K'sul'kat nicht müde wurde. Also machte er sich an die Arbeit und wartete weitere 128 Lichtkörnchen ab.

Am Ende hatte der Zylinder insgesamt 256 Lichtkörnchen ausgesandt. Etwa 128 davon würden die erste Scheibe passiert haben, und von diesen hatten 33 auch die zweite Scheibe durchquert, also ein wenig mehr als ein Viertel, aber deutlich weniger als ein Drittel. Zusammen mit dem Ergebnis, das er für die erste und die fünfte Stellung erhalten hatte, schien ihm die Schlussfolgerung damit ausreichend bestätigt: Verdrehte man die Scheiben nur leicht gegeneinander, würde ein sehr großer Teil der Lichtkörnchen, die durch die erste Scheibe durchkamen, auch die zweite passieren; verdrehte man die Scheiben sehr stark gegeneinander, war ein Durchkommen sehr unwahrscheinlich. Bei nur leichter Verdrehung der Scheiben gegeneinander nahm die Zahl der durchgekommenen Lichtkörnchen also zunächst nur wenig ab, dann umso stärker.

Was genau an den Scheiben passierte, war T'lik'tik nach wie vor unklar. Die Stellung des Drahtes gab möglicherweise irgendeine Form von Richtung an – hatten auch die Lichtkörnchen irgendwie eine Richtung? Dann wurden sie durch die Scheibe durchgelassen, wenn die Richtungen zusammenpassten, und nicht durchgelassen, wenn die Richtungen nicht übereinstimmten. Hatten die Lichtkörnchen vielleicht eine Form? Wenn T'lik'tik sich ein Lichtkörnchen nicht wie einen runden Kiesel vorstellte, sondern eher wie einen länglichen Stein oder einen Halm, könnte die Scheibe wie eine Art Öffnung oder Fenster wirken: Ein länglicher Stein könnte durch eine längliche Öffnung hindurchpassen, wenn sie in die gleiche Richtung zeigten, würde aber aufgehalten werden, wenn die Richtungen nicht passten.

Wenn der Stein und die Öffnung schräg zueinander orientiert waren, würde der Stein vielleicht ein wenig gegen die Öffnung prallen und manchmal zurückgehalten werden, manchmal aber auch hindurchpassen. Hier schien der Zufall eine Rolle zu spielen, aber dass das Verhalten der Lichtkörnchen auch vom Zufall beeinflusst zu sein schien, wusste T'lik'tik bereits von den Teilern, die ein Lichtkörnchen manchmal reflektierten und manchmal durchließen.

Das Bild des länglichen Steins schien einigermaßen zu dem zu passen, was T'lik'tik hier beobachtet hatte. Natürlich war ihm klar, dass es ganz so einfach nicht sein konnte: Wenn Lichtkörnchen tatsächlich wie ein länglicher Halm waren, warum gab es dann keine Lichtkörnchen, die in Längsrichtung flogen und so immer durch die Scheiben hindurchpassten? Vielleicht konnten die Lichtkörnchen eher wie flache, runde Steine sein? Dann müssten sie wiederum in einer Richtung fliegen können, die sie immer an einer Scheibe aufhalten würde, egal welche Richtung diese hatte. Was die Lichtkörnchen genau für eine Form hatten – wenn es überhaupt so war, dass die kleinsten unteilbaren Körnchen eine Form besaßen –, konnte er nicht durch bloßes Nachdenken ergründen. Das Bild eines Halms, der eine Richtung besaß, war aber anscheinend trotzdem nützlich, um ihr Verhalten zu verstehen.

Die nächste Öffnung enthielt nicht bloß zwei, sondern gleich sieben Scheiben und – natürlich – Zylinder und Kasten. Der Draht der ersten sechs Scheiben stand senkrecht, der

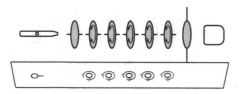

Abb. 5.4 Vierter Raum, dritte Öffnung, Aufsicht

der letzten waagerecht. Unter der ersten und letzten Scheibe war kein Stein, unter den anderen fünf jeweils einer, mit dem T'lik'tik sie verdrehen, aber nicht aus dem Lichtweg herausschieben konnte (Abb. 5.4).

Als T'lik'tik das Licht aktivierte, blieb der Kasten erwartungsgemäß dunkel. Die Hälfte der Lichtkörnchen würde durch die erste Scheibe durchgelassen werden, dann auch durch die nächsten fünf, bis sie auf die letzte Scheibe trafen. T'lik'tik überlegte. Wenn ein Lichtkörnchen durch die erste Scheibe hindurchtrat, war seine Richtung senkrecht. Würde er die nächste Scheibe ein wenig verdrehen, wäre die Wahrscheinlichkeit hoch, dass das Körnchen auch diese Scheibe passieren konnte und damit seinerseits gedreht war. Es müsste also möglich sein, die Richtung der Lichtkörnchen immer weiter zu drehen, an jeder der Scheiben ein wenig, so dass mehr von ihnen die letzte Scheibe passieren konnten. Dabei sollte er, das hatten seine Versuche ja gezeigt, den Unterschied zwischen zwei benachbarten Scheiben möglichst gering halten, denn bei nur leichter Verdrehung der Scheiben gegeneinander würden die meisten Lichtkörnchen hindurchgelangen.

Also verdrehte er die zweite Scheibe in die erste Stellung, die dritte Scheibe in die zweite und immer so weiter. Befriedigt sah er, wie der Kasten auf der rechten Seite aufleuchtete; nicht bei jedem Lichtkörnchen, aber etwa bei jedem dritten Lichtkörnchen, das ausgesandt wurde. Wie er es erwartet hatte, wurde die Türöffnung heller, sobald der Kasten auf-

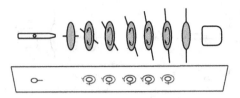

Abb. 5.5   T'lik'tiks Einstellung der Scheiben

leuchtete, und wieder dunkel, wenn sie nicht von einem Lichtkörnchen erreicht wurde. Es dauerte eine Weile, aber schließlich wurde der Kasten mehrfach hintereinander von einem Lichtkörnchen erreicht, die Tür wurde immer heller und öffnete sich schließlich (Abb. 5.5).

„Yizkay!", triumphierte er, denn ihm war klar, dass er damit eine Prüfung bestanden hatte. Die meisten Rätsel in den bisherigen Kammern hätten sich mit etwas Herumprobieren auch lösen lassen, ohne zu verstehen, was genau die Lichtkörnchen, Teiler und Kästen taten, doch hier hatte er wirklich wissen müssen, was er tat.

Was würden die Weisen sagen, wenn er ihnen von all seinen Erkenntnissen berichtete? D'pit'rag würde seinen Scharfsinn loben, der alte K'sul'kat, immer darauf bedacht dass T'lik'tik nicht übermütig wurde, würde versuchen ihm zu zeigen, wie er das Rätsel hätte schneller lösen können, P'luk'mut würde zunächst schweigen und schließlich alle mit einer Schlussfolgerung überraschen, an die niemand von ihnen gedacht hatte. Sie alle würden anerkennen müssen, dass er etwas Außergewöhnliches vollbracht hatte, und er hoffte, dass sie ihn damit in ihren Kreis aufnehmen würden. „Der Weise T'lik'tik" – diese Worte hatten einen guten Klang.

****

sSsuuaSsaaWaSseaaNna hatte erwartet, in dieser Kammer noch kompliziertere Anordnungen von Spiegeln, Teilern und Kästen zu finden und war entsprechend überrascht, ein neues Element zu sehen. Die Scheibe mit dem Draht in der ersten Öffnung schien zunächst ähnlich zu sein wie ein Teiler – sie ließ nur etwa jeden zweiten Lichtpuls hindurch. Doch als sie die zweite Öffnung untersuchte, bemerkte sie, dass die Scheibe anders funktionierte. Je nachdem, wie die beiden Drähte zueinander standen, wurde mehr oder weniger häufig ein Lichtpuls durchgelassen. Ließ sich das mit der Vorstellung einer Welle vereinbaren, die sie in der vorigen Kammer entwickelt hatte?

In irgendeiner Weise musste der Lichtpuls eine Richtung besitzen. In einer Wasserwelle, so wie sie sie sich in der vorigen Kammer vorgestellt hatte, bewegte sich das Wasser nach oben und unten, während sich die Welle ausbreitete. War es möglich, dass eine Welle in unterschiedlichen Richtungen schwingen konnte? sSsuuaSsaaWaSseaaNna versuchte, sich eine solche Welle vorzustellen und sah plötzlich vor ihrem geistigen Auge die langen Blätter eines dunklen Kelpwalds, die sich im Wasser bewegten. Sie formte einen langen, dünnen Fühler und ließ ihn auf- und abschwingen, dann zur Seite. Einen weiteren Fühler ließ sie sich gabeln, sodass ein schmaler Schlitz entstand, und stülpte ihn über den ersten. Egal wie sie den langen Fühler schwingen ließ, hinter dem Schlitz bewegte er sich immer nur auf und ab, und zwar umso weniger, je mehr die Richtungen sich unterschieden.

Sie formte einen zweiten Schlitz, positionierte ihn hinter dem ersten und drehte ihn. Wenn die beiden Schlitze in dieselbe Richtung zeigten, schwang der lange Fühler auch hinter dem zweiten Schlitz, aber wenn beide gegeneinander geneigt waren, wurde die Schwingung immer schwächer und hörte nahezu vollständig auf, wenn die Schlitze senkrecht zueinander angeordnet waren.

Während sie sich über diesen Erfolg freute, griff sie geistesabwesend mit einem weiteren Fühler nach einem vorüberschwimmenden Krabwurm und absorbierte ihn, dann einen weiteren. Sie schwamm zur nächsten Öffnung, doch plötzlich erstarrte sie. Woher kam der Krabwurm? Sie schaute sich um und sah, dass die Kammern hinter ihr voller Tiere waren: Röhrlingslarven, Krabwürmer, Fadenkiemer, selbst verschiedene größere Oktofische schwammen durch die Kammern. Hatte das Licht sie angelockt?

Panisch formte sSsuuaSsaaWaSseaaNna vier starke Flossen. Wenn das Licht aus den Kammern Tiere anlockte, war es draußen dunkel geworden. Jederzeit konnte ein Raubfisch aufmerksam werden. So schnell sie konnte, schwamm sie zurück durch die Kammern zum Eingang. Sie schoss durch die Tür. Über sich sah sie etwas Helles – die Bauchseite einer großen Megalonia, die vom Licht angezogen wurde.

sSsuuaSsaaWaSseaaNna peitschte ihre Flossen durch das Wasser und schwamm um den Monolithen herum. Dort verdichtete sie sich und sank reglos zu Boden, lediglich ein einzelnes Auge an einem Fühler ausbildend, mit dem sie um den Monolithen herumspähen und nach Gefahr Ausschau halten konnte. Es war selten, dass Rheomorphe einer Megalonia zum Opfer fielen; normalerweise waren sie zu umsichtig und zu schnell. Während sie am Boden lag, spürte sie eine Mischung aus Angst und Scham; es wäre ein wahrhaft unrühmliches Ende gewesen.

Sie spähte zur Megalonia hinüber und sah, dass diese von einem zweiten, kleineren Exemplar begleitet wurde, vermutlich einem Jungtier. Anders als die Rheomorphen vermehrten sich die meisten Lebewesen im Weltenmeer nicht durch Wachstum, Teilung und Vermischen, sondern indem sie kleine, unabhängige Versionen von sich hervorbrachten, die dann heranwuchsen.

sSsuuaSsaaWaSseaaNna beobachtete die beiden Megalonia. Das größere Exemplar näherte sich einem langgestreckten Oktaal, der sich durchs Wasser schlängelte, und sSsuuaSsaaWaSseaaNna erwartete, dass es ihn mit einem Biss erlegen würde, doch das geschah nicht. Stattdessen schnappte die Megalonia nach den Hinterflossen des Oktaals. Dieser schlug heftig um sich, doch er war zu schwer verletzt, als dass er hätte entkommen können. Die Megalonia wartete ab, statt ihre Beute zu fressen, was sSsuuaSsaaWaSseaaNna verwirrte. Sie sah, wie sie das Jungtier in Richtung des verletzten Oktaals stieß. Vorsichtig näherte sich die kleine Megalonia der Beute, die weniger als halb so groß war wie sie, schnappte einmal nach ihr, zuckte aber erschreckt zurück, als der Oktaal, so gut es seine Verletzungen zuließen, mit seinen verbliebenen Flossen um sich schlug.

Als nichts für sie Beunruhigendes geschah, schwamm die kleine Megalonia wieder auf den Oktaal zu, schnappte erneut nach ihm und hielt ihn diesmal fest gepackt. Wieder schlug der Oktaal um sich und nach einem Moment ließ die kleine Megalonia, anscheinend immer noch verwirrt vom Verhalten ihrer Beute, ihn wieder los.

Inzwischen hatte der Oktaal viel seiner Körperflüssigkeit verloren, die das Wasser um ihn grünlich färbte. Seine Bewegungen wurden langsamer. Noch einmal stieß die große Megalonia die kleine in Richtung des Oktaals. Das unsichere Tier zögerte, packte dann erneut zu und hielt diesmal die Beute fest, bis sie sich nicht mehr wehrte. Es begann mit seiner Mahlzeit, wobei große Stücke der Beute nach unten fielen und begierig von Krabwürmern aufgefressen wurden. Die ganze Zeit beobachtete die große Megalonia ihren Abkömmling, und erst als das kleinere Tier seine Mahlzeit beendet hatte, stieß sie es vorsichtig an und die beiden schwammen weiter.

sSsuuaSsaaWaSseaaNna blieb ruhig auf dem Grund und wartete. Solange es dunkel war, konnte sie nicht wieder in den Monolithen hineinschwimmen, zumal die Körperflüssigkeit im Wasser weitere Megalonia anlocken mochte. Sie würde in Zukunft stärker auf ihre Umgebung achten müssen. Oder gab es eine andere Möglichkeit? War es irgendwie möglich zu verhindern, dass Licht aus dem Monolithen nach draußen fiel?

Der Eingang des Monolithen ließ sich nicht verschließen; ein Teil der Wand hatte sich versenkt und sSsuuaSsaaWaSseaaNna hatte keinen Stein gesehen, der es ermöglicht hätte, ihn zurückzubewegen. Würde sie einen Fels vor die Öffnung rollen, würde das Licht blockiert werden, aber dafür war sie nicht stark genug.

Gab es eine andere Möglichkeit, den Eingang sicher zu verschließen? Alles, was groß genug war, um eine Megalonia abzuhalten, war auch zu schwer, um von ihr bewegt zu werden.

Aber vielleicht musste sie den Eingang nicht so verschließen, dass eine Megalonia nicht hindurchkam. Am Tag hatte sie kein Problem gehabt, weil das Licht zu schwach gewesen war, um andere Tiere anzulocken. Sie musste nicht die Megalonia draußen halten, sondern nur das Licht drinnen. Gab es etwas, das groß genug war, um den Eingang zu bedecken, und das nur wenig Licht durchließ?

Kelp. Wenn sie lange Kelpblätter am Eingang befestigen konnte, würde nur wenig Licht nach draußen gelangen. Sie konnte mehrere Stränge von ihnen mit etwas Sekret verkleben und vielleicht an der Öffnung befestigen. Ungeduldig wartete sie auf den Tag.

Als es hell wurde, machte sie sich auf den Weg zu einem nahegelegenen Kelpwald, sammelte Kelpstränge und schwamm zurück zum Monolithen. Sie begann, die Blätter zu verkleben. Schnell merkte sie, dass es nicht so einfach war, den Eingang wirklich zu bedecken, doch dann hatte sie eine Idee: Statt die Stränge nur von oben nach unten anzubringen, fügte sie weitere Stränge hinzu, die horizontal verliefen und die sie um die anderen herumwand. So entstand eine Art Matte. Während sie die Blätter bearbeitete, wurde ihr klar, dass sie etwas für eine Rheomorphe sehr ungewöhnliches tat: Sie baute etwas, als wäre sie eine Pharetria oder das Wesen, das den Monolithen gebaut hatte. Verblüfft hielt sie für einen Moment inne.

Es war so offensichtlich, aber erst jetzt dachte sie daran: Der Monolith war von Wesen wie ihr gebaut worden, nicht von Tieren, sondern von Wesen, die über die Welt nachdachten und sie, wenn sie wollten, manipulieren konnten. Während sie lediglich einfache Dinge wie Kelpstränge bearbeiten konnte, mussten diese Wesen das Bauen von Dingen perfektioniert haben. Das bedeutete auch, dass der Monolith einen klaren Zweck haben musste, auch wenn sie immer noch nicht wusste, welcher das sein sollte.

Als der Eingang zu ihrer Zufriedenheit abgedichtet war, schwamm sie zurück in die vierte Kammer. Das Bild der auf- und abschwingenden Welle machte es ihr leicht, das Rätsel der letzten Öffnung zu lösen. Der Weg zur nächsten Kammer öffnete sich und sSsuuaSsaaWaSseaaNna schwamm weiter.

Dunkle Materie

Frustriert schloss Sigrun Egilsdóttir die Tür ihrer Wohnung auf. Sie warf ihren Rucksack mit Schwung in die Ecke und ging in die Küche, wo ihr Mitbewohner, Cheng Lian, am Herd stand.

„Was ist dir denn passiert?"

„Ich habe gerade 18 Mio. CPU-Stunden auf unserem Großrechner in den Sand gesetzt."

„Klingt übel. Ich mache gerade Tee. Willst du auch einen?"

„Ja, warum nicht." Kurze Zeit später saßen beide am Küchentisch.

„So, dann erzähl mal. Auch wenn dir ein Meeresbiologe wahrscheinlich nicht viel weiterhelfen kann."

„Du weißt ja, dass wir in unserer Arbeitsgruppe die Bewegung von Sternen simulieren. Wir nehmen Messdaten für die Geschwindigkeit und die Positionen der Sterne in der Galaxis und rechnen daraus sozusagen rückwärts, wo die

Sterne früher gewesen sind und wie sie sich in der Galaxis bewegen."

„Die Geschwindigkeit der Sterne kennt ihr woher?"

„Doppler-Effekt. Wenn sich die Sterne auf uns zu- oder von uns wegbewegen, dann verschiebt sich das Lichtspektrum, das sie aussenden, daraus können wir die Geschwindigkeit ableiten, zumindest relativ zur Erde."

„Okay, also du berechnest die Bewegung der Sterne in der Galaxis. Wenn ich mich recht erinnere, hast du mir erzählt, dass die Leute in eurer Arbeitsgruppe das schon länger machen und dass das bisher immer gut geklappt hat. Was ist also das Problem?"

„Bisher haben wir die Bewegung auf größerem Maßstab angeguckt, also größere Bereiche der Galaxis simuliert. Wir haben sozusagen so getan, als wäre die Galaxis ein Gas und haben nicht jedes einzelne Gasatom nachverfolgt, sondern die Strömung als Ganzes. Auch das ist schon schwierig genug wegen der Dunklen Materie."

„Das war diese unsichtbare Substanz, die die ganze Galaxis erfüllt, richtig?"

„Genau. Die Masse der sichtbaren Sterne in der Galaxis – oder überhaupt in allen Galaxien – reicht nicht aus, um die Bewegung der Sterne zu erklären. Wir wissen schon seit den Sechzigerjahren des 20. Jahrhunderts, dass es einen zusätzlichen Effekt geben muss, der die Sternbewegung erklärt, denn die Sterne weiter weg vom Zentrum der Galaxien müssten eigentlich viel langsamer sein, als sie es tatsächlich sind. Daraus hat man geschlossen, dass es eine Form von Materie gibt, die wir optisch nicht beobachten können, und die hat man Dunkle Materie genannt, weil sie eben kein Licht aussendet und auch keins absorbiert."

„Wäre dann nicht ,transparente Materie' oder ,unsichtbare Materie' ein besserer Name?"

„Na ja, Physiker waren noch nie besonders gut darin, wirklich treffende Namen für ihre Phänomene zu finden …

So oder so, bisher haben die Leute in unserer Arbeits-gruppe die Bewegungsdaten von Sternen verwendet und damit die Geschichte der Galaxis quasi zurückgerechnet. Man kann aus den Daten die plausibelste Verteilung der Dunklen Materie ableiten, diejenige, die sozusagen am besten zu den Beobachtungen passt. Da gehen natürlich auch noch andere Beobachtungen ein, beispielsweise Messungen in anderen Galaxien, die ja der Milchstraße ähnlich sein sollten."

„Und warum funktioniert das jetzt nicht mehr?"

„Ich soll in meiner Doktorarbeit das Ganze auf einem kleineren Maßstab nachrechnen. Wir haben drei Bereiche der Galaxis ausgewählt, für die wir sehr detaillierte Daten für die Geschwindigkeit der Sterne haben. Ich nehme sozusagen das große Modell für die ganze Galaxis und betrachte jeweils einen dieser drei Bereiche als Ausschnitt. In dem versuche ich jetzt, die genaue Bewegung der einzelnen Sterne zurückzuverfolgen."

„Und das klappt aus irgendeinem Grund nicht so gut?"

„Es klappt überhaupt nicht! Ich habe es erst mit einem relativ einfachen Optimierungsverfahren versucht, das sozusagen den besten Anfangsort der Sterne ausrechnen sollte. Das Verfahren hat aber keine Lösung gefunden, es springt immer zwischen unterschiedlichen Antworten hin und her und ist anscheinend total instabil.

Dann habe ich probiert, die Bewegungen der Sterne quasi direkt zurückzurechnen. Vorher hatte ich quasi angenommen, dass benachbarte Sterne sich ähnlich bewegen sollten und konnte deshalb sehr effizient rechnen. Weil das anscheinend nicht klappt, habe ich jetzt wirklich versucht, für jeden einzelnen Stern aus der bekannten Geschwindigkeit und dem Ort seine Bahn zurückzurechnen, unter Einbeziehung der Gravitation der anderen Sterne und der Dunklen Materie. Und das scheitert, und zwar grandios. Spätestens bei 5 oder 10 Mio. Jahren in der Vergangenheit werden die Bahnen vollkommen absurd, die Sterne müssten quasi kreuz und quer durch die Galaxis fliegen."

„Klingt ja wirklich seltsam."

„Pass auf, ich zeige es dir." Sigrun räumte den Tisch frei und legte ihren Compubar an die Seite des Tisches. Sie aktivierte ihn, sodass er nach kurzer Zeit ein Bild auf die Tischplatte projizierte.

„Hier, sieh selbst. Das ist der Zustand jetzt, und wenn ich die Bewegung zurückrechne, laufen die Sterne in diesem Bereich des Spiralarms vollkommen auseinander."

„Kannst du mal etwas näher reinzoomen. Da zum Beispiel." Lian zeigte auf einen Bereich, wo mehrere Sterne, die anfänglich dicht beieinanderlagen, schnell auseinanderzulaufen begannen, je mehr die Zeitskala in die Vergangenheit fortschritt.

„Natürlich."

„ Sieh mal: Diese zwei Sterne liegen jetzt relativ dicht beieinander, richtig?"

„Ja, tun sie."

„Und nach der Logik deines Modells müssten sie damit auch sehr ähnliche Geschwindigkeiten haben, oder nicht? Dass sie in der Vergangenheit so schnell auseinanderlaufen, liegt doch daran, dass ihre Geschwindigkeiten sich jetzt relativ stark unterscheiden."

„Ja, klar."

„Und was könnte das verursachen? Egal, was du für ein Verfahren nimmst, um zurückzurechnen, es muss doch einen Grund für diesen Unterschied geben."

„Das ist ja letztlich das Problem. Ich habe keine Ahnung, was diese abweichenden Geschwindigkeiten verursachen kann. Ich hatte gehofft, dass beim Zurückrechnen irgendetwas passiert, das das erklärt, zwei Sterne, die sich relativ nahe begegnen oder so, aber das funktioniert eben nicht."

„Aber einen Grund muss es doch geben. Irgendein unsichtbares Objekt, so was wie ein Schwarzes Loch oder so, das einen der Sterne von seiner Bahn ablenkt?"

„Sicher, für einen der Sterne mag das angehen, aber nicht für so viele. Ich habe das Problem ja auch nicht nur bei einem meiner drei Bereiche, sondern in allen dreien, eigentlich überall, wenn auch nicht immer so drastisch wie hier. So viele massive Schwarze Löcher kann es in unserer Galaxis unmöglich geben.

Trotzdem hast du recht: Vielleicht ist mein Ansatz einfach falsch. Wenn das Zurückrechnen nicht klappt, stimmt eine meiner Modellannahmen nicht, und es muss irgendeinen Mechanismus geben, der die Sterngeschwindigkeiten beeinflusst."

„Müsstest du das nicht berechnen können? Egal, was nun die Ursache ist, wenn du annimmst, dass die Sterne in der Vergangenheit eben nicht kreuz und quer gelaufen sind …"

„…dann müsste ich daraus ableiten können, wie die Bahnen gestört werden. Und daraus könnte ich ableiten, wie dieser Störeinfluss in der Galaxis verteilt ist, was immer er ist."

„Irgendetwas, das deine Teleskope nicht sehen. Etwas Unsichtbares."

Beide schauten sich verblüfft an.

„Kann es sein, dass die Dunkle Materie gar nicht so gleichmäßig verteilt ist, wie wir denken?"

Science News Network, 17.10.2046
Unerwartete Strukturen in der Dunklen Materie
Eine Forschungsgruppe der Universität Helsinki hat aus den Bewegungsdaten von Sternen ein neues Modell der Dunklen Materie abgeleitet, die den Großteil der Masse aller Galaxien ausmacht. Nach diesem Modell ist die Dunkle Materie innerhalb der Galaxis nicht gleichmäßig verteilt, sondern besteht aus sogenannten Filamenten, fadenförmi-

gen Strängen, die Durchmesser von wenigen Lichtjahren besitzen. Diese Entdeckung zeigt, dass es Wechselwirkungen innerhalb der Dunklen Materie geben muss, da die Schwerkraft allein diese Strukturen nicht erklären kann. Zahlreiche Forschungsgruppen arbeiten derzeit an Modellen, die die Strukturen erklären können und vielleicht erlauben werden, das Geheimnis der Dunklen Materie zu entschlüsseln.

6

Wellen

Obwohl der Weg in die nächste Kammer offen stand, zögerte sSsuuaSsaaWaSseaaNnae. Nach wie vor hatte sie keine Idee, was die Funktion des Monolithen sein mochte, aber ihr wurde klar, dass die einzelnen Öffnungen so konstruiert waren, dass immer mehr Objekte verwendet wurden – lichterzeugende Zylinder, Spiegel, Kästen und viele mehr. In dieser Kammer kamen anscheinend die Scheiben hinzu. Hätte sie die komplizierten Anordnungen der beiden letzten Kammern bereits am Anfang vorgefunden, wäre es ihr nicht möglich gewesen zu ergründen, was es mit ihnen auf sich hatte. Es war so, als wären die Öffnungen gezielt angeordnet worden, um es ihr zu ermöglichen, ihre Funktionsweise zu verstehen.

Plötzlich erinnerte sie sich an die Megalonia und ihren Nachkömmling. Die kleine Megalonia konnte nicht effizient jagen, sondern hatte sich sehr unbeholfen angestellt. Nur mit Unterstützung der älteren hatte sie ihre Beute überwältigen können. Nichts am Körperbau der kleineren Megalonia deutete darauf hin, dass sie nicht in der Lage war, Beute zu

© Der/die Autor(en), exklusiv lizenziert an Springer-Verlag GmbH, DE, ein Teil von Springer Nature 2023
M. Bäker, *Das Quantenrätsel*,
https://doi.org/10.1007/978-3-662-67299-0_6

machen, und als sie schließlich zuschnappte, war die Bewegung zwar unsicher, aber trotzdem schnell gewesen. Wenn die kleine Megalonia also körperlich durchaus in der Lage war, einen Oktaal zu erbeuten, warum hatte sie es dann nicht getan?

Es schien, als hätte die kleine Megalonia zwar die Fähigkeit, nicht aber das notwendige Wissen, um erfolgreich zu jagen. Indem sie den Oktaal verletzte, hatte die große Megalonia es ihr ermöglicht, eine sehr einfache Jagd zu proben. Warum hatte sie ihr das Wissen nicht einfach übertragen, wie es für eine Rheomorphe selbstverständlich gewesen wäre?

Wie die meisten anderen Lebewesen vermochten Megalonia sich nicht zu teilen oder zu mischen. Deswegen mochte es für sie unmöglich sein, Wissen auf diese Weise einfach weiterzugeben. Die Megalonia hatte ihre Beute nicht erlegt, sondern nur verletzt, damit ihr Nachkömmling dieses Wissen erwerben konnte.

Dasselbe musste auch hier im Monolithen der Fall sein. Wer immer ihn gebaut hatte, wollte demjenigen, der den Monolithen entdeckte, die Funktionsweise der zahlreichen Objekte vermitteln; nur deshalb waren sie in dieser Weise angeordnet, in Kammern, bei denen die Aufgaben immer komplizierter wurden und immer weitere, neue Objekte eingeführt wurden. Warum die Erbauer des Monolithen dieses Ziel hatten, war immer noch ein Rätsel.

Klar war auf jeden Fall, dass die Erbauer über die Macht verfügten, Dinge zu konstruieren, wie es ihnen beliebte. Sie konnten durchsichtige Wände konstruieren, Wände, die sich verschoben und Wege freigaben, und sie konnten Licht anscheinend in jeder nur denkbaren Weise manipulieren, mit Lichtquellen, Spiegeln, Teilern und Kästen.

Natürlich gab es auch im Weltenmeer Lebewesen, die Licht erzeugen konnten: Glühflosser, die sich mit leuchtenden Flossen zu Schwärmen zusammenfanden, Lumiphoren mit ihren leuchtenden Nesselfäden oder die fleischfressenden Signalgen. Eine Rheomorphe, die diese fraß, konnte deren Leuchtorgane adaptieren und dann auch selbst Licht erzeugen. Diese einfachen Lichtsignale waren natürlich viel weniger komplex, auch wenn Signalgen oder Lumiphoren sie nutzen konnten, um damit ihre Beute anzulocken, indem sie sie täuschten.

Dieser Gedanke erschreckte sie: Wenn Lumiphoren ihre Beute täuschen konnten, konnten auch andere Lebewesen Täuschungen einsetzen? War es denkbar, dass die Erbauer des Monolithen sie täuschten, dass die Dinge, die sie gelernt zu haben glaubte, in Wahrheit falsch waren? Rheomorphe kannten keine Täuschung, denn sobald sie sich mischten, waren ihre Gedanken füreinander offenbar. Doch Rheomorphe brauchten auch kein Wissen weiterzugeben, wie es die Erbauer des Monolithen offensichtlich taten.

Verhielt Licht sich wirklich in der seltsamen Weise, die sie im Monolithen gelernt zu haben glaubte, oder war das nur eine Täuschung, welchen Zweck auch immer sie haben mochte? Gab es einen Weg herauszufinden, wie Licht sich tatsächlich verhielt?

Die einzelnen Öffnungen in den Kammern des Monolithen manipulierten Licht in verschiedenster Weise, um seine Eigenschaften deutlich zu machen. Was wäre, wenn sie selbst etwas Ähnliches täte, wenn sie selbst versuchen würde, Licht zu manipulieren?

sSsuuaSsaaWaSseaaNnae überlegte, welche Eigenschaften des Lichts, die sie im Monolithen gelernt hatte, ihr am wichtigsten erschienen. Zum einen bestand Licht aus Pulsen, die nicht weiter geteilt werden konnten, zum anderen verhielt Licht sich anscheinend auch wie eine Welle.

sSsuuaSsaaWaSseaaNnae dachte noch einmal an die Wasserwellen zurück, die sie auf die Idee gebracht hatten: Wasserwellen konnten sich überlagern und dabei verstärken oder auslöschen. Licht schien dies auch zu können, das legten die Öffnungen hier im Monolithen nahe, aber in ihrem bisherigen Leben hatte sSsuuaSsaaWaSseaaNnae davon, dass Licht sich ähnlich wie eine Wasserwelle verhalten konnte, nichts bemerkt. Warum nicht?

In den Öffnungen im Monolithen stammte das Licht aus dem Zylinder, der nur wenig Licht auf einmal genau in einer einzigen Richtung aussandte. Das Licht im Weltenmeer stammte von der Sonne, die als leuchtende Scheibe am Himmel stand. Es musste aus sehr vielen einzelnen Wellen bestehen, die sich alle überlagerten. Das Wasser an der Oberfläche des Weltenmeeres verhielt sich ganz ähnlich: An einem windigen Tag wogte es überall auf und ab, ohne dass ein klares Muster zu erkennen war; die Meeresoberfläche insgesamt war unruhig. Ein deutliches Muster, bei dem sich Wellen auslöschen und verstärken konnten, hatte sie bisher nur auf einer ansonsten ruhigen Wasseroberfläche oder bei sehr großen Wellen sehen können.

sSsuuaSsaaWaSseaaNnae schwamm durch den Monolithen zurück zum Eingang, schlängelte sich vorsichtig durch den Kelpvorhang nach draußen und tauchte auf. Die Oberfläche des Weltenmeeres war leicht gekräuselt, ein ständiges Auf und Ab von Wasser ohne erkennbares Muster.

Sie formte ihren Körper zu einem Ring und beobachtete, wie das Wasser im Inneren des Rings langsam zum Stillstand kam. Sie streckte einen Fühler in die Luft und tauchte ihn in der Mitte des Rings ins Wasser. Wellen breiteten sich kreisförmig aus, wurden am Rand des Rings reflektiert und schwächten sich dann ab. Wenn sie ihren Fühler rhythmisch hin und her bewegte, konnte sie ein stetiges Wellenmuster erzeugen (Abb. 6.1).

sSsuuaSsaaWaSseaaNnae erinnerte sich zurück an den Moment, als sie zum ersten Mal die Idee gehabt hatte, Licht könnte wie eine Welle sein: Es war bei der Öffnung im Monolithen gewesen, bei der das Licht unterschiedliche Wege gehen konnte. Auf einem der Wege hatte sich das Licht immer ausgelöscht. Sie teilte die Spitze ihres Fühlers in zwei und

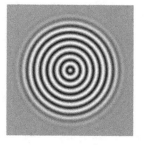

Abb. 6.1 Eine sich kreisförmig ausbreitende Welle

begann, beide Spitzen im gleichen Rhythmus zu bewegen. Es dauerte ein wenig, bis es ihr gelang, den Takt in beiden zu halten, dann sah sie, wie sich die Wellen überlagerten und an einigen Stellen auslöschten (Abb. 6.2).

Direkt am Fühler war das Muster kompliziert, weiter entfernt bildeten sich dagegen deutlich abgegrenzte Bereiche, in denen das Wasser sich stark bewegte, und andere, in denen es nahezu ruhig blieb.

sSsuuaSsaaWaSseaaNnae überlegte, wie sie diese Muster erklären konnte. Jede der Wellen breitete sich mit einer bestimmten Geschwindigkeit aus. An einem Punkt, der von beiden Spitzen gleich weit entfernt war, waren die Wellen deshalb im Gleichtakt, aber wenn der Weg von einer Spitze etwas länger war als der vom anderen, traf ein „Auf" der einen Welle auf ein „Ab" der anderen und die beiden löschten sich aus. Wenn sie die beiden Spitzen dichter zusammenschob, war der Unterschied in der Weglänge für die Wellen bis zu einem Punkt kleiner, deshalb wurden die Bereiche, wo sich die Wellen verstärkten oder auslöschten, größer (Abb. 6.3). Wenn Licht eine Welle war, würde sie dann etwas Ähnliches beobachten, wenn zwei Lichtquellen dicht nebeneinanderstanden? Ihr Versuch mit den Wasserwellen hatte gezeigt, dass sich nur dann ein Muster ausbilden konnte, wenn sie beide Spitzen genau im Gleichtakt bewegte. Wenn

Abb. 6.2 Zwei Wellen können sich verstärken oder auslöschen. Je dichter die Ursprünge der Wellen zusammenliegen, desto weiter liegen die Bereiche, in denen sich Wellen auslöschen und verstärken, auseinander. Das Muster wird damit deutlicher

die zwei Lichtquellen unabhängig waren, würden sie nicht in dieser Weise im Gleichtakt sein, also würde sie den Effekt auch nicht beobachten.

Wie konnte sie zwei Lichtquellen bekommen, deren Wellen den erforderlichen Gleichtakt besaßen? Konnte sie die Leuchtorgane von Lumiphoren oder Glühflossern verwenden? Doch auch dann würde sich nicht wissen, wann das

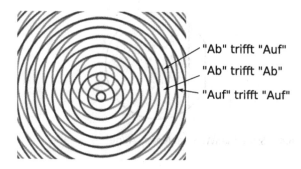

"Ab" trifft "Auf"

"Ab" trifft "Ab"

"Auf" trifft "Auf"

Abb. 6.3 Erklärung der Wechselwirkung zweier Wellen. In einigen Bereichen treffen Wellenberg („Auf") auf Wellenberg und Wellental („Ab") auf Wellental, die Welle wird verstärkt. In anderen Bereichen trifft Wellenberg auf Wellental, die Welle wird abgeschwächt. (Siehe auch Bild 4.9.) Zur besseren Unterscheidbarkeit ist eine der beiden Ausgangswellen in Grau dargestellt

Licht von zwei Organen in der richtigen Weise im Takt war, denn sie wusste ja nicht, wie der Takt des Lichts wirklich funktionierte.

Einfacher wäre es, wenn sie nur eine Lichtquelle verwenden würde, am einfachsten die Sonne. Vielleicht musste sie das Licht nicht an zwei Stellen neu erzeugen. Stattdessen konnte sie eine undurchsichtige Wand verwenden, die zwei Löcher besaß. Diese beiden Löcher wären dann die zwei Lichtquellen, die sie benötigte.

Aber auch die Sonne war kein Punkt, sie war ausgedehnt, und Licht, das auf ihr Auge traf, stammte von unterschiedlichen Stellen auf der Sonne. sSsuuaSsaaWaSseaaNnae zog ihren noch ringförmigen Körper wieder zusammen und bildete ein Auge mit einer kleinen, lochförmigen Pupille. Sie hoffte, dass diese nur wenige Wellen durchlassen würde und dass das Licht, das von ihr ausging, wie eine punktförmige Lichtquelle wirken würde.

In diesem neuen Auge bildete sie eine weitere, undurchsichtige Haut aus, die zwei eng benachbarte Pupillen besaß.

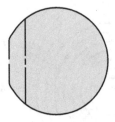

Abb. 6.4 sSsuuaSsaaWaSseaaNnaes Auge

Sie richtete das Auge zur Sonne aus und sah zunächst nur einen hellen, verwaschenen Fleck (Abb. 6.4).

sSsuuaSsaaWaSseaaNnae war enttäuscht – hatte sie sich doch geirrt? Doch als sie noch einmal an ihre Versuche mit den Wasserwellen zurückdachte, wurde ihr klar, dass sie nicht wusste, wie dicht die beiden Pupillen nebeneinanderliegen mussten, damit ein sichtbarer Effekt entstand. Bei den Wasserwellen war es auch so gewesen, dass ein deutliches Muster sich nur bildete, wenn die beiden Spitzen dicht beieinanderlagen. Wenn der Abstand zwischen dem „Auf" und dem „Ab" einer Lichtwelle klein war, mussten auch die beiden Pupillen eng benachbart sein. Außerdem wurde das Muster deutlicher, je weiter entfernt sie von ihrem Fühler waren.

Vorsichtig veränderte sie die Struktur ihres ungewöhnlichen Auges. Sie ließ es länger werden und verdünnte das Gewebe zwischen den beiden Pupillen immer weiter, sodass sie immer enger zusammenrückten. Der Lichtfleck wurde zunächst verwaschener, dann bildete sich ein Muster aus hellen und dunklen Bändern, die zum Rand hin in unterschiedlichen Farben schillerten (Abb. 6.5).

Das war der Beweis! Die Erbauer des Monolithen hatten sie nicht getäuscht, Licht war tatsächlich wie eine Welle.

Begeistert verformte sSsuuaSsaaWaSseaaNnae ihren Körper in eine längliche, dünne Gestalt. Mit vier kräftigen Flossen schwamm sie in die Tiefe, dann schoss sie nach oben, so

Abb. 6.5 Das Muster, das sSsuuaSsaaWaSseaaNnae sieht

schnell sie konnte. Sie durchbrach die Wasseroberfläche, vergrößerte ihre Flossen und segelte für einen Moment durch die Luft wie ein Flederling. Als sie sich wieder der Wasseroberfläche näherte, zog sie ihren Körper zusammen, sodass das Wasser hoch aufspritzte. Sie wiederholte den Sprung zwei weitere Male, bis sie sich beruhigt hatte, und ließ sich träge an der Wasseroberfläche dahintreiben

sSsuuaSsaaWaSseaaNnare verspürte eine tiefe Befriedigung. Es war ihr gelungen, die komplizierten Überlegungen nachzuvollziehen, die hinter den Öffnungen des Monolithen standen, ja mehr noch, sie hatte selbst einen Weg gefunden, diese Überlegungen weiterzuführen. Licht verhielt sich wie eine Welle und mit ihrem ungewöhnlichen Auge hatte sie selbst dies herausfinden können.

Doch wenn das, was sie im Monolithen gelernt hatte, richtig war, war Licht nicht einfach eine Welle wie eine Wasserwelle. Die Kästen hatten gezeigt, dass Licht so beschaffen war, dass es eine Art kleinsten Lichtpuls gab, der nicht weiter geteilt werden konnte. Oder vielleicht war es richtiger zu sagen, dass der Lichtpuls zwar geteilt werden konnte, aber dass nie ein geteilter Lichtpuls von einem Kasten angezeigt werden konnte?

Konnte sie auch diese seltsame Eigenschaft des Lichts mit ihrem Auge nachweisen? Sie wusste, dass ihre Sinnesorgane auch sehr schwaches Licht sehen konnten; auch in großer Wassertiefe war es ihr möglich, Augen auszubilden, die das wenige Licht der Tiefe noch wahrnehmen konnten.

sSsuuaSsaaWaSseaaNnare bildete eine Haut aus, die sie über ihr neues Auge stülpte. Dann füllte sie diese Haut mit einem dunklen, undurchsichtigen Sekret, während sie das Auge immer noch zur Sonne hielt. Das Lichtmuster in diesem Auge wurde immer schwächer, je undurchsichtiger die Haut darüber wurde. Ganz langsam erhöhte sie die Menge des Sekrets. Ihr war klar, dass es schwer werden würde, die Menge genau richtig zu wählen; zu viel, und es würde kein Licht mehr durch das Auge scheinen, zu wenig, und es wäre zu viel Licht. Zusätzlich musste sie sich konzentrieren – wenn tatsächlich einzelne Lichtpulse ihre Rezeptoren trafen, würde es nur ein winzigen Aufblitzen zu sehen geben, nur für einen Moment.

Sie bildete ihre anderen Augen zurück, ebenso die meisten ihrer anderen Sinnesorgane und ließ nur einige Fühler im Wasser, um Wasserbewegungen wahrnehmen zu können, falls sich ein Feind näherte. Dann konzentrierte sie sich auf ihr Auge.

Das Muster der hellen Linien schwächte sich weiter ab, es wurde immer dunkler, war schließlich kaum noch wahrnehmbar. Es begann zu flimmern, so, als würden einzelne Bereiche mal von mehr, mal von weniger Licht getroffen. Behutsam verdichtete sie das Sekret weiter, bis das Lichtmuster nicht mehr wahrzunehmen war.

Da! Ein kurzer Lichtblitz an einer Stelle ihres Auges, dann ein anderer anderswo. Konzentriert verfolgte sSsuuaSsaaWaSseaaNnare die Lichtblitze. Es geschah genau das, was sie erwartet hatte: Lichtpulse erreichten ihre Rezeptoren, aber nur an den Stellen, an denen sie vorher helle Bänder gesehen

Abb. 6.6 sSsuuaSsaaWaSseaaNnare sieht einzelne Lichtblitze

hatte; dort, wo vorher kein Licht hingefallen war, blieb es auch jetzt dunkel (Abb. 6.6).

Um ganz sicher zu gehen, schloss sSsuuaSsaaWaSseaa-Nnare eine der beiden Pupillen. Wie sie es erwartet hatte, änderte sich das Muster, statt heller und dunkler Bänder bildete sich ein heller Bereich direkt hinter der noch offenen Pupille, der zum Rand hin dunkler wurde. Öffnete sie die zweite Pupille wieder, kehrte das Muster der Bänder zurück.

Licht schien also tatsächlich aus Pulsen zu bestehen. Jeder einzelne Puls musste trotzdem beide Pupillen zugleich durchqueren, sonst ließ sich nicht erklären, warum sich das Muster aus hellen und dunklen Bänder ausbildete. Wenn sie eine der beiden Pupillen verschloss, verschwand das Muster, nur wenn beide Pupillen geöffnet waren, konnte sie die Bänder sehen, auch wenn immer nur ein einzelner Lichtpuls ihr Auge durchquerte.

Der Lichtpuls wurde also, ähnlich wie am Teiler im Monolithen, geteilt und lief durch beide Öffnungen hindurch. Hinter den Pupillen überlagerten sich die beiden Wellen des geteilten Pulses so, dass sie einige Punkte ihres Auges erreichen konnten, andere nicht. Trotzdem – an dieser verwirrenden Eigenschaft des Lichts hatte sich nichts geändert – erschien der Lichtpuls nur an einem Punkt ihres Auges und erreichte nur einen Rezeptor. Sobald das Licht ihre Sinneszellen – oder einen der Kästen im Monolithen – erreichte, entschied sich, an welchem der Orte, an denen die Wellen sich nicht auslöschten, das Licht tatsächlich beobachtet wurde.

Das Verhalten des Lichts war in keiner Weise weniger rätselhaft geworden, aber sSsuuaSsaaWaSseaaNnare hatte durch ihre Versuche dieses rätselhafte Verhalten selbst nachweisen können. Sie hatte etwas getan, was noch nie zuvor eine Rheomorphe getan hatte: Sie hatte eine komplizierte Überlegung angestellt und daraus eine Frage abgeleitet, die sie in gewisser Weise an die Welt gerichtet hatte. Durch ihren Versuch mit dem Auge hatte sie diese Frage beantworten können. sSsuuaSsaaWaSseaaNnare fragte sich, wie viel mehr sie auf diese Weise über die Welt herausfinden konnte.

Der Doppelspalt

Auszug aus einem Science-News-Network Interview mit Takumi Mitarashi, Leiter des PALADIN *-Projekts, 4.8.2119*

SNN: Der Sinn der Experimente im PALADIN-Projekt ist ja der zu prüfen, ob außerirdische Lebensformen in der Lage sind, die Gesetze der Quantenmechanik zu verstehen, richtig?

Takumi Mitarashi: So ist es. Ziel ist es ja, unser Wissen über den DAMNATION-Effekt anderen Lebewesen zugänglich zu machen und ihnen zu zeigen, wie man ihn messen kann. Wir haben diesen Effekt inzwischen nicht nur bei der Andromeda-Galaxie entdeckt, sondern auch in einer weiteren Galaxie im sogenannten Coma-Cluster, die deutlich weiter von uns entfernt ist. Auch wenn die Wahrscheinlichkeit für eine katastrophale Kettenreaktion in unserer Galaxis nach wie vor gering ist, halten wir es für sinnvoll, das Wissen darüber zu verbreiten, wenn das möglich ist. Theoretisch ist es ja auch denkbar, dass es eine Lösung des Problems gibt, die wir nicht sehen, die aber von anderen Lebewesen gefunden werden kann.

SNN: Mich irritiert allerdings Folgendes: Ich habe mir unterschiedliche Darstellungen der Quantenmechanik angesehen und dabei ist mir aufgefallen, dass sie alle ein zentrales Experiment beschreiben, das sogenannte Doppelspaltexperiment. Der Physiker Feynman hat sogar gesagt, dass dieses Experiment das einzige Geheimnis der Quantenmechanik enthält. Aber im PALADIN-Projekt taucht das Doppelspaltexperiment gar nicht auf.

Takumi Mitarashi: Das ist ein guter Punkt. Wir haben bei der Projektplanung in der Tat lange überlegt, ob wir dieses Experiment verwenden sollen, uns aber schließlich dagegen entschieden.

SNN: Können Sie kurz erläutern, worum es bei diesem Experiment geht?

Takumi Mitarashi: Das Doppelspaltexperiment geht zurück auf den Physiker Thomas Young Anfang des 19. Jahrhunderts. Es war damals unklar, ob Licht sich wie eine Welle oder wie ein Teilchen verhält. Young zeigte mit seinem Experiment, dass die Ausbreitung des Lichts Wellencharakter hat.

Das Experiment – in moderner Form – sieht folgendermaßen aus: Eine punktförmige Lichtquelle, beispielsweise ein Laserpointer, strahlt Licht auf eine Wand, in der sich dicht nebeneinander zwei sehr schmale Spalten befinden, deshalb auch der Name Doppelspalt. Hinter der Wand baut man einen Schirm auf, auf den das Licht trifft. Man beobachtet dann dort abwechselnd helle und dunkle Bänder (Abb. 6.7).

SNN: Und daraus folgte Young, dass Licht eine Welle ist?

Takumi Mitarashi: Genau. Denken Sie an eine Wasserwelle. Dort haben Sie ja Wellenberge und Wellentäler. Wenn ein Wellenberg einer Welle auf ein Wellental einer anderen

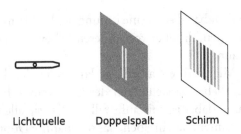

Lichtquelle   Doppelspalt   Schirm

Abb. 6.7 Aufbau eines Doppelspaltexperiments. Licht aus einer punktförmigen Lichtquelle trifft auf eine Wand mit zwei eng beieinanderliegenden Spalten. Auf dem dahinterliegenden Schirm zeigt sich ein Interferenzmuster. Die Darstellung ist nicht maßstabsgerecht

trifft, löschen sich beide gegenseitig aus; trifft dagegen ein Wellenberg auf einen zweiten, verstärken sie sich.

SNN: Ist das wieder die Interferenz, über die wir bereits früher gesprochen haben?

Takumi Mitarashi: Richtig. Jeder der beiden Spalten des Doppelspalts verhält sich wie eine Lichtquelle. Der Weg von den beiden Spalten zum Schirm ist je nach Position auf dem Schirm unterschiedlich lang. Es gibt deshalb Stellen auf dem Schirm, wo zwei Wellenberge aufeinandertreffen, dort verstärkt sich das Licht und Sie sehen ein helles Band. An anderen Stellen dagegen trifft ein Berg auf ein Tal und die Wellen löschen sich gegenseitig aus. Es bildet sich also ein Muster aus abwechselnd hellen und dunklen Bändern, ein Interferenzmuster.

SNN: Aber die Wellen bewegen sich doch, wenn eine Welle an einem Punkt des Schirms jetzt einen Wellenberg hat, wird daraus doch ein Wellental, dann wieder ein Berg?

Takumi Mitarashi: Das ist richtig, aber wenn die beiden Wellen der Spalten an einem Ort im Gegentakt schwingen, tun sie dies an diesem Ort ja immer.

SNN: Ich verstehe. Und wie kommt jetzt die Quantenmechanik ins Spiel?

Takumi Mitarashi: Was Young entdeckt hatte, war, dass man Licht als Welle beschreiben kann. Wir hatten ja bereits darüber gesprochen, dass man in der Quantenmechanik die sogenannte Wellenfunktion verwendet.

SNN: Richtig.

Takumi Mitarashi: Die Wellenfunktion, die das Photon beschreibt, trifft also auf den Doppelspalt. Hinter dem Spalt interferieren die Teilwellen, ganz genau so, wie Wasserwellen es tun. Wenn wir viele Photonen betrachten, sehen wir auf dem Schirm deshalb ein Muster aus hellen und dunklen Bändern. Dieses Muster entsteht also durch Interferenz.

SNN: Und was ist mit einem einzelnen Photon?

Takumi Mitarashi: Wir können in einem Detektor immer nur ein ganzes Photon messen, keine Teile von Photonen. Die Wellenfunktion sagt uns etwas über die Wahrscheinlichkeit, das Photon auf dem Schirm zu finden. An einigen Stellen ist sie wegen der Interferenz der beiden Teilwellen null, an anderen dagegen nicht. Es gibt also auch dann Interferenz, wenn wir die Photonen einzeln durch den Doppelspalt schicken, die Wellenfunktion eines Photons interferiert mit sich selbst.

Wenn wir jetzt das Photon an einem Punkt messen, kommt es wieder zu dem, was wir den Kollaps der Wellenfunktion nennen; wir wissen jetzt, dass das Photon an diesem Ort ist, der Wert der Wellenfunktion ist hier zum Zeitpunkt der Messung also eins, überall sonst null.

SNN: Licht verhält sich also einerseits wie eine Welle, weil es Interferenz gibt, andererseits wie ein Teilchen, weil wir immer nur ein ganzes Photon messen.

Takumi Mitarashi: Ganz genau. Sie können das Problem noch deutlicher machen, wenn Sie einen der beiden Spalte verschließen. Dann gibt es kein Interferenzmuster, sondern es bildet sich ein helles Band, dessen Stärke nach außen abnimmt.

SNN: Es gibt jetzt ja auch nur einen Weg, den das Licht nehmen kann, also gibt es auch keine Interferenz.

Takumi Mitarashi: Das ist richtig. Das Seltsame daran ist eben Folgendes: Wenn Sie ein einzelnes Photon betrachten, wird es entweder am verschlossenen Spalt absorbiert oder es gelangt durch den offenen Spalt hindurch. Sie könnten auch einen zusätzlichen Schirm vor den verschlossenen Spalt halten, dann sehen Sie ein Aufleuchten des Schirms entweder dort oder auf dem Schirm hinter dem Spalt.

SNN: Das muss doch auch so sein, weil man ja nur Photonen als Ganzes, als Quanten, absorbieren kann, wie Sie vorhin erklärt haben.

Takumi Mitarashi: Richtig. Trotzdem ergibt sich eine seltsame, paradox erscheinende Situation: Wenn Sie einen der beiden Spalten verschließen, finden Sie das Photon entweder am verschlossenen Spalt oder am offenen, es gibt also diese beiden Möglichkeiten. Daraus könnte man schließen, dass das Photon entweder den einen Weg nimmt oder den anderen.

SNN: Aber das ist nicht richtig, denn dann könnte es bei einem Photon kein Interferenzmuster geben, wenn beide Spalten geöffnet sind.

Takumi Mitarashi: Ganz genau. Das Interferenzmuster zeigt, dass beide Möglichkeiten für den Weg zum Schirm sich beeinflussen, doch wenn wir einen Spalt verschließen, sehen wir, dass das Photon entweder durch den einen oder durch den anderen Spalt geht.

Theoretisch können Sie sich sogar vorstellen, Sie würden das Photon an einem der Spalte messen, ohne es zu absorbieren. Das Photon hätte dann immer noch beide Möglichkeiten, aber Sie wüssten jetzt, welchen der Wege es genommen hat, sie besäßen also eine Weg-Information.

SNN: Und was würde man in diesem Fall beobachten?

Takumi Mitarashi: In diesem Fall verschwindet das Interferenzmuster. Sobald Sie wissen, welchen Weg das Photon genommen hat, gibt es keine Interferenz der beiden Möglichkeiten mehr und Sie beobachten auch kein Interferenzmuster.

SNN: Das war ja beim Interferometer ganz ähnlich – auch dort gab es zwei Wege, die sich gegenseitig beeinflusst haben.

Takumi Mitarashi: Richtig. Wir sprechen deshalb ja auch von einem Überlagerungszustand. Beim Doppelspalt ist es genauso – das Photon ist hinter dem Doppelspalt in einem Überlagerungszustand aus beiden Möglichkeiten für die beiden Spalten.

SNN: Moment. Wenn wir ein Photon auf seinem Weg beobachten, zerstören wir also das Interferenzmuster. Wie funktioniert denn das beim Interferometer?

Nehmen wir an, das Photon würde am Strahlteiler reflektiert werden. Dabei ändert das Photon seine Richtung. Müsste es dabei nicht eine Art Rückstoß auf den Strahlteiler geben, den ich messen kann? Nehmen wir an, der Strahlteiler wäre am Anfang in Ruhe. Geht das Photon durch, wird der Strahlteiler nicht beeinflusst, wird es reflektiert, bewegt sich der Strahlteiler, weil er das Photon ja ablenkt. Das Gleiche passiert doch auch mit den Spiegeln auf den beiden Wegen, auch diese müssten einen Rückstoß erfahren und dadurch müsste es doch möglich sein, den Weg des Photons zu bestimmen. Mir ist klar, dass es sehr schwer wäre, das zu messen, aber prinzipiell wäre das doch möglich?

Takumi Mitarashi: Das ist eine ausgezeichnete Frage. Tatsächlich hat Einstein, kurz nachdem die Quantenmechanik entwickelt wurde, ganz ähnliche Überlegungen angestellt, in dem Versuch zu zeigen, dass die Theorie nicht richtig sein könne.

Es ist richtig, dass ein reflektiertes Photon tatsächlich einen Rückstoß produzieren würde. Um diesen Rückstoß zu messen, müssen wir sehr genau wissen, wie groß die Geschwindigkeit des Spiegels vorher war, nur dann können wir die Änderung der Geschwindigkeit ja erfassen.

SNN: Und das ist nicht möglich?

Takumi Mitarashi: Prinzipiell schon. Wir haben allerdings schon beim Photon gesehen, dass Photonen in einem Überlagerungszustand sein können, beispielsweise einer Überlagerung aus reflektiert und durchgelassen.

Etwas Ähnliches gilt auch für andere Zustände. Der Spiegel wird sich normalerweise nicht in einem Zustand befinden, in dem seine Geschwindigkeit genau bestimmt ist, sondern in einer Überlagerung aus Zuständen mit unterschiedlicher Geschwindigkeit.

SNN: Das kann ich mir schwer vorstellen – der Spiegel fliegt ein wenig herum und bleibt gleichzeitig ein wenig am selben Ort?

Takumi Mitarashi: *(Lacht)* Ja, das klingt etwas seltsam. Zunächst einmal ist es für ein makroskopisches Objekt wie den Spiegel so, dass unsere Unkenntnis über seine Geschwindigkeit nur sehr gering ist, sodass wir sie praktisch nie bemerken werden.

Ein makroskopisches Objekt wie ein Spiegel befindet sich außerdem in ständigem Kontakt mit der Umwelt und wird damit sozusagen permanent gemessen. Sie brauchen sich deshalb keine Gedanken darüber zu machen, dass der Spiegel in einer Überlagerung aus Zuständen ist, die sich stark unterscheiden.

Trotzdem ist der Spiegel in einer Überlagerung aus Zuständen mit unterschiedlichen Werten der Geschwindigkeit. Sie können sich vorstellen, dass zu jedem Wert der Geschwindigkeit eine Wahrscheinlichkeit gehört, dass wir diesen Wert bei einer Messung messen würden. Sie können sich das mit einer Kurve veranschaulichen, bei der Sie auf der horizontalen Achse die Geschwindigkeit auftragen, auf der vertikalen die Wahrscheinlichkeit, diese Geschwindigkeit bei einer Messung zu bekommen (Abb. 6.8).

Abb. 6.8 In einem Überlagerungszustand gibt es für jeden Geschwindigkeitswert eine gewisse Wahrscheinlichkeit, diesen Wert zu messen. Erhöht man die Geschwindigkeit des Objekts durch einen Stoß mit einem wesentlich leichteren Objekt, verschiebt sich die Kurve nur geringfügig. Es kann deshalb praktisch keine Information darüber gewonnen werden, ob ein Stoßprozess stattgefunden hat

Der Spiegel ist ein makroskopisches Objekt, das Photon dagegen ist ein Elementarteilchen. Der Rückstoß des Photons ist deshalb extrem schwach. Stellen Sie sich vor, Sie würden einen Tischtennisball vorn gegen einen heranrollenden Schnellzug werfen. Der Ball übt eine Kraft auf den Zug aus, aber diese ist so gering, dass sich die Geschwindigkeit des Zugs nicht messbar verändert.

Wird das Photon am Spiegel reflektiert, verschiebt sich diese Kurve deshalb nur sehr geringfügig, deshalb unterscheiden sich die beiden Kurven kaum. Sie können deshalb mit einer Messung des Spiegels nahezu keine Information darüber gewinnen, ob das Photon reflektiert wurde oder nicht.

SNN: Aber Sie sagen „nahezu".

Takumi Mitarashi: Das ist richtig. In einem Interferometer würde dieses „Nahezu" dazu führen, dass in sehr seltenen Fällen doch der hintere Detektor ansprechen kann, weil die Interferenz der beiden Wege gestört wird. Für die Versuchsaufbauten, die wir hier betrachten, ist das nicht von praktischer Relevanz.

Das Ganze ist übrigens auch ein Beispiel für die berühmte Unschärferelation der Quantenmechanik. Demnach gibt es Größen, die nicht gleichzeitig genau festgelegt werden können. Ein Beispiel dafür sind Ort und Geschwindigkeit eines Objekts. Ein Objekt, dessen Ort Sie genau kennen, ist zwangsläufig in einem Überlagerungszustand unterschiedlicher Geschwindigkeiten. Dasselbe gilt auch umgekehrt: Je genauer Sie die Geschwindigkeit eines Objekts kennen, desto ungenauer ist der Ort des Objekts bestimmt, es ist in einem Überlagerungszustand aus unterschiedlichen Orten (Abb. 6.9).

Wenn Sie versuchen würden, die Geschwindigkeit des Spiegels so genau festzulegen, dass Sie den Rückstoß des Photons eindeutig messen können, wäre damit der Ort des Spiegels unbestimmt. Und das würde dazu führen, dass das Interferenzmuster zerstört wird, denn für die Interferenz ist es notwendig, dass beide möglichen Wege des Photons genau gleich lang sind, sonst würden sich ja die Wellen gegeneinander verschieben.

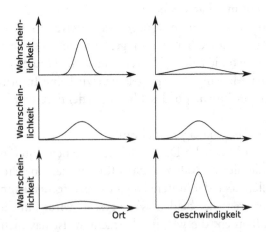

Abb. 6.9 Unschärferelation. Je genauer der Ort eines Objekts bekannt ist, desto ungenauer kennt man seine Geschwindigkeit

SNN: Das klingt sehr abstrakt.

Takumi Mitarashi: Sie können sich das am Bild einer Welle direkt veranschaulichen. Auch unseren Spiegel können wir theoretisch mit einer Wellenfunktion beschreiben. Bei massiven Objekten wie dem Spiegel ist es so, dass die Geschwindigkeit direkt mit der Wellenlänge zusammenhängt: Je kleiner die Wellenlänge, desto größer die Geschwindigkeit. Eine Welle ist ja immer ein ausgedehntes Objekt, sie kann nie punktförmig sein. Wenn Sie den Ort eines Objekts genau bestimmen wollen, muss die Welle, die es beschreibt, auf einen kleinen Bereich eingeschränkt sein. Dann passen nicht viele Wellenlängen in diesen Bereich und die Wellenlänge ist nicht eindeutig zu bestimmen. Um eine Wellenlänge genau bestimmen zu können, müssen Sie viele Wellenberge und Wellentäler verfolgen können, und Sie können nicht mehr eindeutig sagen, an welchem Ort sich die Welle befindet (Abb. 6.10).

SNN: Ich verstehe.

Takumi Mitarashi: Sie können also entweder den Ort des Spiegels sehr genau festlegen, sodass es ein Interferenzmuster geben kann, oder Sie messen die Geschwindigkeit des Spiegels, sodass Sie den Weg des Photons bestimmen können. Beides gleichzeitig geht aber nicht.

SNN: Beim Interferometer gab es ja noch eine andere Möglichkeit, das Ganze zu beschreiben, nämlich mit dem

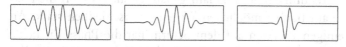

Abb. 6.10 Unschärferelation am Beispiel einer Welle. Je genauer der Ort der Welle bekannt ist, desto ungenauer kennt man ihre Wellenlänge. Von links nach rechts lässt sich der Ort der Welle immer besser bestimmen, dafür ist die Bestimmung der Wellenlänge immer ungenauer

Pfadintegral, der Summe über die Vorgeschichten. Funktioniert diese Beschreibungsweise beim Doppelspalt auch?

Takumi Mitarashi: Ja. Beide Methoden sind mathematisch gleichwertig; was die eine beschreiben kann, das kann auch die andere.

Allerdings kommt zu der Erläuterung, die ich Ihnen bisher gegeben habe, ein wichtiger Punkt hinzu. Wir haben ja jede Möglichkeit mit einer komplexen Zahl beschrieben, die einen Betrag und einen Drehwinkel, die Phase hat. Tatsächlich ist es so, dass die Phase, wenn sich das Photon ausbreitet, nicht konstant bleibt, sondern sich mit einer bestimmten Rate ändert. Beschreiben wir die Phase wie zuvor mit einer Linie, die in eine bestimmte Richtung zeigt, rotiert diese also entlang des Weges.

SNN: Das hatten wir bei der Beschreibung des Interferometers doch gar nicht berücksichtigt. Hätten wir das nicht tun müssen?

Takumi Mitarashi: Streng genommen ja. Aber beim Interferometer war es so, dass die beiden möglichen Wege genau gleich lang waren. In beiden Fällen käme also eine zusätzliche Drehung um denselben Wert hinzu. Das würde am Endergebnis nichts ändern, weil es ja nur auf die Differenz der Phase für die unterschiedlichen Wege ankommt.

SNN: Ich verstehe. Und genau das ist beim Doppelspalt jetzt anders, weil der Weg vom Spalt zum Schirm je nach Ort auf dem Schirm länger oder kürzer ist.

Takumi Mitarashi: Ganz genau. Deshalb rotiert die Phase auf beiden möglichen Wegen unterschiedlich stark. An einigen Punkten auf dem Schirm hat die Phase für beide Wege genau denselben Wert. In der Mitte zum Beispiel sind beide Wege genau gleich lang. An anderen Punkten dagegen ist die eine Phase der anderen genau entgegengesetzt, dort haben wir damit eine Aufhebung der beiden Möglichkeiten (Abb. 6.11).

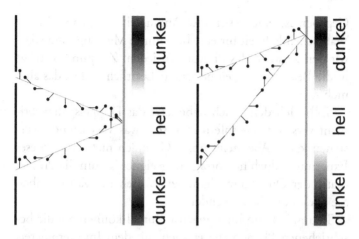

Abb. 6.11 Das Doppelspaltexperiment im Bild des Pfadintegrals. An einigen Punkten auf dem Schirm sind die Phasen der beiden Wege gleich, an anderen entgegengesetzt. Dadurch ergibt sich ein Muster aus hellen und dunklen Bändern. Die Zeichnung ist nicht maßstabsgetreu

SNN: Da, wo sich die Möglichkeiten aufheben, entsteht also ein dunkler Bereich, weil keine Photonen hier ankommen. Und da, wo sich die Möglichkeiten addieren, kommen Photonen an, dieser Bereich ist also hell.

Takumi Mitarashi: Richtig.

SNN: Und was ist mit dem Kollaps der Wellenfunktion; sehe ich den hier auch?

Takumi Mitarashi: Das Phänomen ist letztlich dasselbe. Mit der Summe über die Vorgeschichten berechnen Sie ja nur Wahrscheinlichkeiten. Sobald das Photon an einem Ort gemessen wurde, wissen Sie ja sicher, dass es an diesem Ort ist; damit sind alle anderen Wahrscheinlichkeiten null.

Der Unterschied liegt eher in der Art, wie wir die Experimente beschreiben: Die Wellenfunktion beschreibt den Zustand des Photons zu jedem Zeitpunkt. Bei der Summe über die Vorgeschichten dagegen fragen wir uns immer nur:

Gegeben ist eine bestimmte Anfangssituation, was ist die Wahrscheinlichkeit für eine bestimmte Messung, ohne dass wir den Zustand des Photons zu jedem Zeitpunkt explizit in die Beschreibung einbeziehen? Letztlich ändert das aber nichts.

SNN: Ich denke, ich habe jetzt das Doppelspaltexperiment verstanden – sofern man so etwas Verwirrendes verstehen kann. Aber zeigt unser Gespräch nicht, dass dieses Experiment doch hervorragend geeignet ist, um die Problematik der Quantenmechanik zu verstehen? Warum haben Sie es dann nicht verwendet?

Takumi Mitarashi: Zunächst einmal können Sie die beschriebenen Phänomene ja auch mit dem Interferometeraufbau demonstrieren, den wir tatsächlich verwenden. Auch dort gibt es zwei Möglichkeiten für den Weg des Lichts, die durch den Strahlteiler realisiert werden. Und auch dort können Sie entweder das Licht auf einem der Wege beobachten oder am Ende Interferenzerscheinungen sehen, aber nicht beides.

Ein Vorteil des Interferometers ist, dass Sie keine unterschiedlich langen Wege betrachten müssen. Beim Doppelspalt kann das Photon ja im Prinzip jeden Ort auf dem Schirm erreichen, Sie müssen also viele unterschiedliche Wege betrachten, während es beim Interferometer an jedem der Strahlteiler nur zwei Möglichkeiten gibt. Das macht das Interferometer konzeptionell in vieler Hinsicht einfacher.

Hinzu kommt noch etwas anderes: Bei meiner Erklärung des Doppelspalts habe ich tatsächlich ein wenig geschummelt. Ich hatte ja gesagt, dass das Photon entweder den einen oder den anderen Spalt durchquert.

SNN: Ist das nicht richtig? Eine dritte Möglichkeit gibt es doch nicht, oder?

Takumi Mitarashi: Doch, die gibt es. Der Doppelspalt befindet sich ja in einer undurchsichtigen Wand. Wenn Sie Photonen aus der Lichtquelle in Richtung des Doppelspalts schicken, werden die meisten der Photonen auf die Wand treffen und dort absorbiert werden. Die Wand wirkt in dieser Hinsicht selbst auch wie ein Messprozess – es gibt eine sehr hohe Wahrscheinlichkeit für ein Photon, von der Wand absorbiert zu werden, und nur eine geringe, den Doppelspalt zu durchqueren.

SNN: Und warum ist das ein Problem?

Takumi Mitarashi: Stellen Sie sich den Versuchsaufbau vor, den wir tatsächlich realisieren würden. Die Lichtquelle zeigt die Aussendung eines Photons an, aber nur in einem kleinen Bruchteil der Fälle erreicht eins der Photonen tatsächlich den Schirm hinter dem Doppelspalt; die meisten der Photonen tun dies nicht. Es wäre dann sehr schwierig und würde viel Geduld erfordern, das Interferenzmuster zu sehen. Es wäre auch schwierig zu vermitteln, dass nur der Bruchteil von Photonen, die den Spalt erreichen, für das Verständnis von Bedeutung ist.

Hinzu kommt noch etwas anderes: Letztlich ist es ja das Ziel, die Kernidee des PALADIN-Projekts zu vermitteln. Der Messaufbau dort beruht ja auf einem ganz ähnlichen Prinzip wie das Interferometer, deshalb erscheint es sinnvoll, den Fokus auf dieses Experiment zu legen.

7

Verschränkung

T'lik'tik hatte erwartet, im nächsten Raum ein neues Element vorzufinden, doch die erste der vier Öffnungen enttäuschte ihn. Das einzig Neue war, dass die Anordnung zwei Lichtquellen enthielt, die Licht nach links und rechts aussenden konnten, allerdings nur einen Stein in der Mitte zwischen ihnen. Das Licht würde zunächst auf einen Verzögerer treffen und dann jeweils durch eine Scheibe auf einen Kasten fallen. Die Richtung der beiden Scheiben konnte er wie zuvor mit jeweils einem Stein verändern, mehr konnte er anscheinend nicht tun (Abb. 7.1).

T'lik'tik aktivierte die Lichtquellen, die im Gleichtakt anzeigten, dass sie ein Lichtkörnchen aussandten. Jeder der beiden Kästen leuchtete etwa jedes zweite Mal auf, wie erwartet vollkommen zufällig und ohne Zusammenhang zwischen der linken und der rechten Seite. Daran änderte sich auch nichts, als T'lik'tik die beiden Scheiben drehte. Der Sinn dieser Anordnung blieb ihm unklar, aber inzwischen

M. Bäker, *Das Quantenrätsel*, https://doi.org/10.1007/978-3-662-67299-0_7

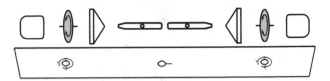

Abb. 7.1 Fünfter Raum, erste Öffnung, Aufsicht

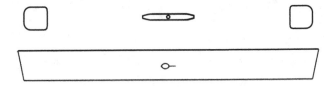

Abb. 7.2 Fünfter Raum, zweite Öffnung, Aufsicht

hatte er genügend Vertrauen in die Erbauer des Himmelssteins, dass er davon ausging, dass die nächsten Öffnungen ihm Aufschluss geben würden.

Tatsächlich enthielt die nächste Öffnung ein neues Element: Ein Zylinder in der Mitte sah aus, als hätten die Erbauer zwei Lichtquellen zu einer zusammengefügt. Links und rechts befand sich jeweils ein Kasten. Warum es einen Unterschied machen sollte, dass die beiden Lichtquellen jetzt verbunden waren, leuchtete T'lik'tik nicht ein. Als er die Lichtquelle aktivierte, leuchteten die Kästen an beiden Seiten im Gleichtakt auf. Alles, was er hier lernte, war also, dass diese neue, zusammengefügte Lichtquelle immer zwei Lichtkörnchen gleichzeitig aussandte (Abb. 7.2).

Immer noch verwirrt ging T'lik'tik zur dritten Öffnung. Auf den ersten Blick war sie identisch zur ersten, lediglich die zwei Lichtquellen in der Mitte waren durch die neue Art ersetzt worden, bei der ein Zylinder Licht nach beiden Seiten aussandte. Wieder fiel das Licht erst auf zwei Verzögerer, dann durch zwei Scheiben und traf auf die Kästen (Abb. 7.3).

T'lik'tik aktivierte die Lichtquelle und beobachtete die Kästen. Beide leuchteten beim ersten Lichtkörnchen auf,

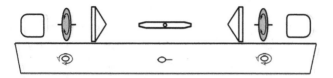

Abb. 7.3 Fünfter Raum, dritte Öffnung, Aufsicht

dann blieben beide zweimal dunkel, dann leuchteten sie wieder auf. Die beiden Scheiben waren so eingestellt, dass ihre Drähte senkrecht standen. Die neuartige Lichtquelle sandte also anscheinend Lichtkörnchen aus, die immer dieselbe Richtung besaßen.

Um diese Überlegung zu bestätigen, drehte T'lik'tik beide Scheiben so, dass die Drähte waagerecht standen. Wieder leuchteten die Kästen entweder beide auf und blieben beide dunkel. Das ließ sich leicht erklären: Die Lichtquelle sandte die beiden Lichtkörnchen entweder so aus, dass sie senkrecht waren oder so, dass sie waagerecht waren, und entsprechend wurden sie an den Scheiben entweder beide durchgelassen oder aufgehalten.

War es wirklich so einfach? Die letzte Öffnung würde vermutlich Aufschluss bringen, denn hier hatten die Erbauer sicherlich wieder eine Aufgabe gestellt, mit der er die Tür zum nächsten Raum öffnen konnte.

Überraschenderweise war die Anordnung in dieser Öffnung fast identisch zur vorigen, lediglich der Verzögerer auf der linken Seite fehlte. Erst als T'lik'tik die Lichtquelle aktivierte, bemerkte er einen weiteren Unterschied: Er konnte die Stellung der linken Scheibe nicht ändern, sondern nur die der rechten, die senkrecht stand. Kurz bevor die Lichtquelle Lichtkörnchen aussandte, drehte sich die Scheibe auf der linken Seite von selbst in eine neue Position (Abb. 7.4).

Beim ersten Paar Lichtkörnchen drehte sich die linke Scheibe in eine senkrechte Position, der Kasten hier und

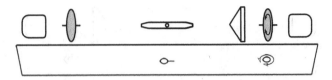

Abb. 7.4 Fünfter Raum, vierte Öffnung, Aufsicht

auch der auf der rechten Seite blieben dunkel. Die linke Scheibe drehte sich um ein Viertel in die waagerechte Position, bevor die nächsten Lichtkörnchen ausgesandt wurden; wieder blieb der Kasten links dunkel, der Kasten rechts leuchtete auf. Das Feld über der Tür in den nächsten Raum begann schwach zu leuchten. Beim nächsten Lichtkörnchenpaar hatte sich die linke Scheibe schräg gestellt und war um ein Achtel verdreht; beide Kästen blieben dunkel und das Feld über der Tür erlosch.

Um die Tür zu öffnen und das Rätsel dieser Anordnung zu lösen, musste es T'lik'tik anscheinend gelingen, die rechte Scheibe so einzustellen, dass Licht immer den rechten Kasten erreichte. Wie sollte er das anstellen?

Er beobachtete das Geschehen weiter und veränderte gelegentlich die Stellung der rechten Scheibe. Die Scheibe auf der linken Seite drehte sich in unterschiedliche Stellungen, nicht nur senkrecht und waagerecht, sondern auch schräg dazu, um ein Achtel gegenüber der senkrechten verdreht. Hatten beide Scheiben dieselbe Richtung, leuchteten entweder beide Kästen auf oder keiner von ihnen; standen die beiden Scheiben senkrecht zueinander, leuchtete immer genau einer von ihnen auf. Waren die Scheiben um eine Achteldrehung gegeneinander geneigt, so dass eine von ihnen senkrecht oder waagerecht stand, die andere dagegen schräg, schien es keinen Zusammenhang zwischen dem Aufleuchten des linken und des rechten Kastens zu geben.

War es einfach so, dass beide Lichtkörnchen immer dieselbe Richtung besaßen? Das ließ sich leicht ausprobieren: Leuchtete der linke Kasten auf, drehte T'lik'tik die rechte Scheibe in dieselbe Stellung wie die linke, blieb der linke Kasten dunkel, drehte er die rechte Scheibe so, dass sie senkrecht zur linken stand. Es geschah, was er erwartet hatte: Das Licht über der Tür wurde zunehmend heller, bis diese sich öffnete.

Immer noch war T'lik'tik sich nicht ganz sicher, was die Öffnungen in diesem Raum ihm sagen sollten. Letztlich war es einfach gewesen herauszufinden, was er tun musste: Die beiden Lichtkörnchen wurden immer gleich ausgesandt, sie besaßen immer die gleiche Richtung, das war alles. Mit Scheibe und Kasten auf der linken Seite konnte er sehen, welche Richtung es war, die Scheibe auf der rechten Seite konnte er dann entsprechend einstellen.

Er hatte die Türöffnung fast erreicht, als ihm klar wurde, dass seine Erklärung unmöglich richtig sein konnte. Wenn die Lichtquelle zwei Lichtkörnchen aussandte, mussten diese irgendeine Richtung besitzen, beispielsweise senkrecht. Trafen sie auf zwei senkrechte Scheiben, wurden sie durchgelassen, trafen sie auf zwei waagerechte Scheiben, wurden sie aufgehalten.

Aber was passierte, wenn die Scheiben unter einem anderen Winkel standen, beispielsweise um eine Achtel Drehung zur Senkrechten verdreht? Ein Lichtkörnchen, das auf eine Scheibe traf, die um eine Achtel Drehung verdreht war, wurde in der Hälfte der Fälle durchgelassen, in der Hälfte der Fälle nicht. Welcher der beiden Fälle eintrat, entschied der Zufall, das hatte er in den früheren Räumen herausgefunden.

Wenn zwei senkrechte Lichtkörnchen auf die schräg stehenden Scheiben trafen, sollte jedes von ihnen manchmal durchgelassen werden und manchmal nicht. Wie konnte es sein, dass der Zufall auf beiden Seiten immer gleich wirkte und dafür sorgte, dass immer beide Lichtkörnchen durchgelassen oder aufgehalten wurden?

Prinzipiell war es natürlich denkbar, dass die Erbauer die linke Scheibe immer passend zur Richtung der Lichtkörnchen einstellten – war das Lichtkörnchen senkrecht, wurde die Scheibe nur in die senkrechte oder waagerechte Position gebracht, nie in eine andere. War die Richtung des Lichtkörnchens dagegen schräg, wurden auch die Scheiben passend gedreht. Prinzipiell war das möglich, aber die Erbauer hätten dann etwas für sie sehr Ungewöhnliches getan, indem sie ein Phänomen vortäuschten, das so nicht existierte.

T'lik'tik hatte gelernt, den Erbauern zu vertrauen; dass sie ihn nun täuschen wollten, erschien ihm unwahrscheinlich. Als der Blick seines Rückauges auf die dritte Öffnung fiel, erkannte er, dass die Erbauer genau diese Art von Überlegung vorhergesehen hatten, denn hier konnte er beide Scheiben selbst einstellen. Er ging zurück, aktivierte die Lichtquelle und drehte die Scheiben jeweils willkürlich, aber immer so, dass sie auf beiden Seiten stets in dieselbe Richtung zeigten. Egal wie er die Scheiben drehte – solange sie die gleiche Richtung hatten, leuchteten entweder beide Kästen auf oder beide blieben dunkel.

Da T'lik'tik die Position der Scheiben erst einstellte, nachdem die Lichtquelle in der Mitte ihre Lichtkörnchen ausgesandt hatte, war es nicht möglich, dass die Teilchen immer genau in der passenden Richtung ausgesandt wurden. Sicherlich hatten die Erbauer genau deshalb die Verzögerer in die Anordnung aufgenommen.

Das Problem war also tatsächlich vorhanden. Wie konnte es sein, dass die beiden Lichtkörnchen immer dieselbe Richtung hatten, obwohl sich doch nach allem, was er wusste, zufällig entschied, was an einer Scheibe passierte, wenn ein Lichtkörnchen darauf traf, dessen Richtung schräg zur Richtung der Scheibe stand?

T'lik'tik führte sich die Überlegung noch einmal in Ruhe vor Augen: Wenn die linke Scheibe in der letzten Öffnung senkrecht stand, konnte er eindeutig vorhersagen, was auf der rechten Seite passierte: Leuchtete der Kasten auf der linken Seite auf, musste er die rechte Scheibe senkrecht stellen, leuchtete der Kasten links nicht auf, war das Lichtkörnchen auf der rechten Seite immer waagerecht.

Das Lichtkörnchen auf der rechten Seite war also eindeutig entweder senkrecht oder waagerecht. Da es nach dem Aussenden nur einen Verzögerer durchquerte, der an seiner Richtung nichts änderte, wurde es also entweder senkrecht oder waagerecht ausgesandt.

Stand dagegen die linke Scheibe schräg, konnte er ebenfalls vorhersagen, was auf der rechten Seite passierte: Er musste die Scheibe auf der rechten Seite entweder parallel zur linken stellen, wenn der linke Kasten aufleuchtete, oder senkrecht dazu, wenn der linke Kasten nicht aufleuchtete. Das Lichtkörnchen auf der rechten Seite war also eindeutig entweder in der einen oder in der anderen Richtung schräg orientiert.

Beides gleichzeitig konnte offensichtlich nicht möglich sein, ein Lichtkörnchen konnte schließlich nicht eindeutig sowohl die eine als auch die andere Richtung besitzen.

Erneut stand T'lik'tik vor einem scheinbar unauflösbarem Widerspruch, ähnlich wie einige Räume zuvor. Damals hatte er den Widerspruch auflösen können, indem er über Möglichkeiten nachgedacht hatte: Wenn Lichtkörnchen zwei Möglichkeiten hatten, um einen Kasten zu erreichen, konnten diese sich gegenseitig beeinflussen. War es denkbar, dass eine ähnliche Überlegung auch dieses Rätsel erklären konnte?

T'lik'tik dachte noch einmal über die Möglichkeiten für die Richtung eines Lichtkörnchens nach. Das Körnchen konnte senkrecht oder waagerecht sein, dann entschied der Zufall, was bei einer schräg stehenden Scheibe geschah. Oder die Richtung eines Körnchens konnte schräg sein, dann entschied bei einer waagerecht oder senkrecht stehenden Scheibe der Zufall.

Die einfache Annahme, dass jedes Paar von Lichtkörnchen eine zufällig festgelegte Richtung hatte, beispielsweise mal senkrecht, mal waagerecht, konnte das, was T'lik'tik beobachtet hatte, nicht erklären, denn dann wäre bei einer schrägen Ausrichtung der beiden Scheiben in der Hälfte der Fälle ein Lichtkörnchen auf einer Seite durchgekommen, auf der anderen jedoch nicht.

Wenn Möglichkeiten der Schlüssel zu diesem Problem waren, mussten sie offensichtlich in irgendeiner Weise für eine gemeinsame Richtung der Lichtkörnchen sorgen. Es war eben nicht möglich, dass eins der Körnchen durch eine schräg stehende Scheibe durchtrat, das andere jedoch nicht. Ähnlich wie bei den beiden Lichtwegen musste diese Möglichkeit ausgeschlossen sein.

Es gab unterschiedliche Möglichkeiten für die Richtung der Lichtkörnchen, aber alle diese Möglichkeiten hatten gemeinsam, dass beide Lichtkörnchen dieselbe Richtung besaßen. Es gab also die Möglichkeit „beide Lichtkörnchen senkrecht", „beide Lichtkörnchen waagerecht", „beide Lichtkörnchen um ein Achtel nach rechts verdreht" und so weiter. Einen Fall, wo beide Lichtkörnchen unterschiedliche Richtungen besaßen, gab es dagegen nicht, die Lichtkörnchen wurden so erzeugt, dass diese Möglichkeit ausgeschlossen war. In der letzten Öffnung, die nur einen Verzögerer hatte, erschien ihm dies leicht einzusehen: Das linke Lichtkörnchen wurde entweder durchgelassen oder aufgehalten. Sobald dies geschah, war eindeutig, was beim rechten Lichtkörnchen passierte.

Die Richtung der Lichtkörnchen lag also nicht bereits beim Aussenden fest, fest stand nur, dass beide immer dieselbe Richtung besaßen. Wenn ein Lichtkörnchen eine Scheibe erreichte, entschied sich, welche der beiden Möglichkeiten, durchgelassen oder aufgehalten, realisiert wurde und damit lag auch die Richtung des anderen Lichtkörnchens eindeutig fest.

Das Besondere an der Anordnung hier war, dass zwei Lichtkörnchen miteinander verbunden sein konnten, so dass das, was mit dem einen geschah, das andere beeinflussen konnte. Hier im Himmelsstein mochte das nicht all zu verblüffend erscheinen, doch was wäre, wenn die beiden Scheiben weiter auseinander lägen? Was würde passieren, wenn eine der Scheiben auf Duuhrn lag, die andere an dem Ort, von dem die Erbauer des Himmelssteins stammten? Würde auch in diesem Fall das, was an einer Scheibe passierte, unmittelbar das Lichtkörnchen an der anderen beeinflussen?

T'lik'tik wünschte sich, die Erbauer hätten eine Anordnung vorgesehen, bei der die beiden Lichtkörnchen deutlicher getrennt wären, entweder in größerer Entfernung oder vielleicht dadurch, dass sich eine undurchdringliche Wand zwischen sie schob, sobald sie von der Lichtquelle ausgesandt worden waren. Dann hätte er sehen können, ob es einen Austausch zwischen den beiden Lichtkörnchen gab, ob vielleicht das erste von ihnen, das durch die Scheibe trat, eine Art Signal an das zweite sandte.

Vielleicht konnte und sollte er den Erbauern einfach vertrauen: Wenn es ein solches Signal gäbe, das sich durch eine Wand abschirmen ließ, hätten die Erbauer vermutlich genau diese Anordnung im Himmelsstein vorgesehen. Die Tatsache, dass das nicht so war, sprach dafür, dass die Erbauer des Himmelssteins wussten, dass ein solcher Signalaustausch nicht stattfand.

T'lik'tik betrachtete noch einmal die dritte Öffnung, ließ sich vor ihr nieder und begann erneut nachzudenken.

****

sSsuuaSsaaWaSseaaNnare hing immer noch ihren Gedanken an das nach, was sie selbst über die Natur des Lichts herausgefunden hatte. Ohne die Anregung durch den Monolithen wäre sie nie auf den Gedanken gekommen, Licht in dieser Weise zu untersuchen, doch nun begann sie sich zu fragen, ob die Rheomorphen eines Tages ein ähnliches Verständnis wie die Erbauer des Monolithen entwickeln konnten. Licht oder auch schwingende Fühler gezielt zu manipulieren, um mehr über die Welt herauszufinden, schien ihr ein vollkommen neuer Gedanke zu sein. Auch die Art, wie sie die Öffnung des Monolithen verschlossen hatte, war für eine Rheomorphe mehr als ungewöhnlich gewesen, und sSsuuaSsaaWaSseaaNnare konnte spüren, wie sie sich hierdurch verändert hatte.

Den Sinn der ersten beiden Öffnungen zu verstehen, fiel ihr nicht weiter schwer: Anscheinend wollten die Erbauer des Himmelssteins ihr zeigen, dass die Lichtquelle in der zweiten Öffnung etwas Besonderes war. Ginge es einfach nur darum, zwei Lichtpulse gleichzeitig auszusenden, hätte eine Anordnung wie in der ersten Öffnung ausgereicht, aber offenbar war diese neue Lichtquelle etwas anderes.

Die dritte Öffnung diente anscheinend dazu, den Unterschied zur ersten deutlich zu machen, denn bis auf die andere Art der Lichtquelle waren beide identisch. sSsuuaSsaaWaSseaaNnare bildete zwei Augenstiele und zwei Fühler aus, um die erste und dritte Öffnung gleichzeitig beobachten und die Scheiben dort bewegen zu können. So fiel es ihr leicht, den Unterschied zu sehen: Standen die Scheiben gleich, so gelangten in der dritten Öffnung immer entweder beide Lichtpulse durch die Scheiben hindurch oder keiner von ihnen. In der ersten Öffnung dagegen schien es keinen Zusammenhang zwischen der linken und der rechten Seite zu geben, die beiden Lichtpulse waren unabhängig voneinander.

Offensichtlich war es so, dass die Richtung der Lichtpulse in der dritten Öffnung immer dieselbe war, egal wie die Scheibe stand. Es war sSsuuaSsaaWaSseaaNnare nach kurzem Nachdenken klar, dass die beiden Lichtpulse nicht einfach am Anfang mit einer bestimmten Richtung ausgesandt werden konnten. Dann würden sie zwar eine passend zu ihrer Richtung ausgerichtete Scheibe immer beide durchqueren, waren aber beide Scheiben schräg zur Richtung der Lichtpulse orientiert, würde sich auf jeder Seite zufällig entscheiden, ob der Lichtpuls die Scheibe durchquerte oder nicht. Damit wäre es möglich, dass ein Kasten auf einer Seite aufleuchtete, der auf der anderen jedoch nicht. Doch genau das geschah nicht.

Die neuartige Lichtquelle sandte Lichtpulse anscheinend so aus, dass sie in gewisser Weise miteinander verbunden waren. In der ersten Öffnung dieser Kammer waren die Lichtpulse unabhängig gewesen, doch hier war dies offensichtlich anders; was mit dem einen Lichtpuls passierte, schien den anderen zu beeinflussen.

sSsuuaSsaaWaSseaaNnare war verwirrt. Sie rief sich noch einmal ins Gedächtnis, was sie inzwischen gelernt hatte: Licht bestand aus Lichtpulsen, die sich ähnlich wie Wasserwellen verhielten. Ein Lichtpuls konnte geteilt werden, und zwei oder mehrere Wege gehen. Dass der Lichtpuls tatsächlich geteilt wurde und beide Wege nahm, hatte sie sowohl in der dritten Kammer gesehen als auch bei ihren Versuchen mit dem Auge mit der geteilten Pupille, bei der die Lichtpulse sich auf einigen Wegen auslöschen konnten. Erreichte ein Teil eines Pulses einen Kasten, wurde dort immer ein ganzer Lichtpuls angezeigt oder gar keiner. Wurde der Lichtpuls angezeigt, befand er sich jetzt hier und war nicht auf dem anderen Weg, wurde er nicht angezeigt, musste er auf dem anderen Weg sein. Bevor ein Lichtpuls den Kasten erreichte, existierten beide Lichtpulse, doch an einem Kasten entschied sich, welche der beiden Möglichkeiten realisiert wurde; die andere Möglichkeit verschwand daraufhin.

Die Situation hier war komplizierter, weil es zwei Lichtpulse gab, die offensichtlich verbunden waren. Diese Verbindung erschien ihr ähnlich wie die Verbindung der zwei möglichen Lichtpulse hinter einem Teiler: Wenn der Lichtpuls auf einem Weg entdeckt wurde, verschwand die Möglichkeit des anderen Lichtpulses. Hier war es jetzt so, dass die Richtung der beiden Lichtpulse verbunden war: Wenn eindeutig bestimmt war, dass der eine Lichtpuls senkrecht war, verschwand die Möglichkeit, dass der andere Lichtpuls waagerecht war.

Die beiden ausgesandten Lichtpulse besaßen zunächst keine eindeutige Richtung, so wie ein Lichtpuls hinter einem Teiler keinen eindeutigen Weg ging, sondern beide Wege möglich waren. Wenn ein Lichtpuls an einer Scheibe durchgelassen wurde, lag damit seine Richtung fest und damit auch die Richtung des anderen Lichtpulses. Was an einem Lichtpuls geschah, beeinflusste den anderen Lichtpuls, genauso wie das, was in einem der möglichen Wege eines Lichtpulses geschah, das Geschehen auf dem anderen Weg bestimmte. Ein einzelner Lichtpuls konnte nur entweder den einen oder den anderen Kasten erreichen; zwei Lichtpulse, die durch die neue Lichtquelle ausgesandt wurden, konnten nur dieselbe Richtung aufweisen, nie eine unterschiedliche.

Es erschien sSsuuaSsaaWaSseaaNnare immer noch seltsam, dass das, was an einem Ort geschah, in dieser Weise beeinflussen konnte, was anderswo passierte, aber diese Seltsamkeit war ihr inzwischen ja bereits vertraut. Neu war, dass es anscheinend möglich war, zwei Lichtpulse miteinander zu verbinden.

Mit dem Wissen, dass die Lichtpulse immer dieselbe Richtung besaßen, war es leicht für sie, die Aufgabe in der vierten Öffnung zu lösen. Sie schwamm weiter in die nächste Kammer.

****

Die Welt war Wissen. Natürlich war sie das.

Während Kerela in den nächsten Raum des Fahrzeugs schwärmten, das vom Himmel herabgeschwebt war, dachten sie über das nach, was sie bisher erfahren hatten. Wissen war der Schlüssel zum Verständnis der Welt, die Welt war das, was über sie gewusst werden konnte. Natürlich schienen die Objekte in der Welt aus Materie zu bestehen: Ein Flusskiesel bestand aus Stein, der Fluss selbst aus Wasser.

Was aussah wie eine Aussage über die Welt, unabhängig von Schwärmern wie Kerela, war letztlich eine Aussage darüber, was Schwärmer erwarten konnten, wenn sie weiteres Wissen über die Welt sammelten: Wenn sie einen Flusskiesel mit einem Stein verglichen, würden sie Übereinstimmung in den Eigenschaften finden; wenn sie den Fluss untersuchten, würde er fließen, Dinge benetzen, Tropfen bilden, so wie Wasser es tat.

Und natürlich war es so auch mit Kerela selbst. Materiell mochten Kerela aus einzelnen Drohnen bestehen, aber selbst das Wissen hierüber stammte aus dem, was die Sinne der Drohnen wahrnahmen und was von diesen Sinnen aus in ihr Bewusstsein drang.

Ihr eigenes Wesen machte sehr deutlich, dass Wissen Vorrang vor dem hatte, was sie als Materie sahen: Drohnen waren ersetzbar, konnten sterben, verloren gehen, neue Drohnen konnten ihren Platz einnehmen, ohne das sich das Wesen von Kerela dadurch änderte. Erst die Beziehung der Drohnen zueinander machte das aus, was Kerela als ihr Wesen empfanden, formte ihr Bewusstsein, während eine willkürliche Ansammlung von Drohnen keine Schwärmer bildete.

„Wenn eine Drohne sich im Wald verirrt, wer hat die Bäume dort gesehen?" Wenn eine Drohne ihre Wahrnehmung nicht weitergab, dann gab es diese Wahrnehmung auch nicht; was nicht gewusst werden konnte, existierte nicht. Natürlich hatten viele Schwärmer darüber nachgedacht, wie die Welt „wirklich" war, unabhängig von Wahrnehmung und Wissen, aber letztlich war allen klar, dass diese Frage müßig war. Realität war das, was wahrgenommen wurde. Kerela konnten sich Bilder davon machen, wie die Welt aussah, wenn sie nicht wahrgenommen wurde. Eine Drohne, die allein in einen Wald ging, konnte ihre Beobachtungen, soweit es ihr möglich war, weitergeben, wenn sie wieder zurückkehrte, also war es natürlich naheliegend anzunehmen, dass die Drohne auch in der Zwischenzeit tatsächlich im Wald gewesen war. Wirklich wissen konnten Kerela dies aber erst, wenn die Drohne tatsächlich wieder zurück war.

Was Kerela bisher in den Räumen des Fahrzeugs beobachtet hatten, bestärkte sie darin, dass diese Überlegung die Welt korrekt beschrieben. Die Welt war Wissen. Kerela hatten die Aufgaben im Fahrzeug mit dieser Annahme gut bewältigt. Licht, das auf einen teilenden Spiegel fiel, konnte zwei unterschiedliche Wege gehen, aber solange das Licht nicht beobachtet wurde, war nicht entschieden, welcher dieser Wege es war. Sie konnten sich vorstellen, dass etwas Ähnliches passieren würde, wenn statt der leuchtenden Kästen eine Drohne das Licht beobachtete. Solange diese Drohne ihre Wahrnehmung nicht an die anderen weitergab, war für Kerela nicht entschieden, welchen Weg das Licht gegangen war. Erst wenn die Wahrnehmung Kerela erreicht hatte, erweiterte sich ihr Wissen über die Welt, und erst dann war das, was sie erfahren hatten, im Kern real.

Die Aufgaben in den Räumen des Fahrzeugs schienen genau diese Sicht der Welt zu bestätigen: Licht konnte an einem Teiler zwei Wege gehen, aber wenn man die beiden Lichtwege mit einem weiteren Teiler wieder zusammenführte, konnten die beiden Möglichkeiten einander beeinflussen und dafür sorgen, dass nur einer der beiden Kästen hinter dem zweiten Teiler leuchtete. Solange niemand das Licht beobachtete, gab es keine Möglichkeit zu sagen, was das Licht tatsächlich tat und welchen Weg es ging, das war erst möglich, wenn man es beobachtete.

Noch klarer wurde Kerelas Sicht durch die weiteren Räume des Fahrzeugs bestätigt: Licht konnte eine Art Richtung besitzen, so dass das Licht durch Platten gefiltert oder durchgelassen werden konnte, je nach Richtung dieser Platten. Hinter einer Platte, deren Draht nach oben zeigte, besaß Licht eine senkrechte Richtung. Folgte als Nächstes eine waagerecht stehende Platte, wurde das Licht nicht durchgelassen, denn senkrecht und waagerecht schlossen sich aus. Folgte dagegen eine Platte mit einer Richtung genau zwischen der senkrechten und der waagerechten, war es unmöglich vorherzusagen, ob das Licht durchgelassen wurde oder nicht.

Es schien so, als könne jedes Lichtteilchen für die Richtung nur genau eine einzige Information tragen. Wenn diese Richtungsinformation „senkrecht und nicht waagerecht" lautete, war für diese beiden Richtungen gesichert, was passierte. Lag die Richtung einer Platte dicht an der senkrechten, so war es nahezu sicher, dass das Lichtteilchen die Platte durchqueren konnte, aber der Zufall spielte hier eine gewisse Rolle. Lag die Richtung der Platte dagegen genau zwischen der senkrechten und der waagerechten, gab es entsprechend keine Information darüber, was passieren musste, deshalb musste hier allein der Zufall entscheiden, die Hälfte der Teilchen durchquerte die Platte, die Hälfte nicht. Trat das Licht durch diese Platte hindurch, besaß es eine neue Richtungsinformation; damit war die vorherige Information ungültig geworden, das Licht hatte jetzt eine eindeutige Richtung und eine weitere, senkrecht oder waagerecht stehende Platte lieferte deshalb wieder ein zufälliges Ergebnis.

Diese Überlegungen hatten Kerela bereits in den vorigen Räumen des Fahrzeugs angestellt. Was sie in diesem Raum beobachteten, bestärkte ihre Sichtweise noch weiter: Wenn zwei Lichtteilchen getrennt ausgesandt wurden, konnte jedes von ihnen eine Richtungsinformation besitzen; eines konnte senkrecht, das andere schräg oder waagerecht orientiert sein. So war es ja auch in der ersten Öffnung dieses Raums gewesen.

Es war auch möglich, die beiden Lichtteilchen so miteinander zu verbinden, dass sie gemeinsame Informationen trugen, die beispielsweise sagen konnte, dass beide Lichtteilchen dieselbe Richtung hatten. Es war nicht so, dass einfach jedes der beiden Lichtteilchen senkrecht oder waagerecht ausgerichtet war, ohne dass die beiden verbunden waren. Dann hätte sich zwar immer dasselbe Ergebnis gezeigt, wenn die Platten senkrecht oder waagerecht orientiert waren, aber bei einer schrägen Richtung wäre für jedes der beiden Lichtteilchen das Ergebnis zufällig gewesen. Das aber war nicht der Fall, denn wenn beide Platten schräg standen, wurden immer entweder beide Lichtteilchen durchgelassen oder keines.

Die beiden Lichtteilchen trugen demnach gemeinsam zwei Informationen: Eine, die sagte, dass sie beide dieselbe Richtung besaßen, wenn sie eine senkrecht orientierte Platte erreichten, eine zweite, die sagte, dass sie auch dieselbe Richtung bei einer um eine Achtel Drehung geneigten Platte besaßen. Diese zwei Informationen über ihre Richtung waren alles an Information, das die beiden Lichtteilchen tragen konnten, mehr war ihnen nicht möglich. Deshalb besaßen sie keinerlei Information darüber, wie diese gemeinsame Richtung aussah und deshalb traten sie immer in der Hälfte der Fälle durch die Platten hindurch, egal wie diese orientiert waren.

Dass Kerelas Weltbild nur von dem Wissen bestimmt werden konnte, das sie besaßen, war offensichtlich. Aber die Anordnungen in den Kästen des Fahrzeugs zeigten mehr: Das Verhalten von Licht selbst war dadurch bestimmt, wie viel Information Kerela einem Lichtteilchen zuordnen konnten. Unklar war, ob diese Information etwas war, das das Lichtteilchen selbst trug oder ob das Lichtteilchen „in Wirklichkeit" etwas ganz anderes war und die Information nur das war, was Wesen wie Schwärmer über die Lichtteilchen wissen konnten.

In jedem Fall wurde das Verhalten von Licht, das Verhalten von Objekten in der Welt, davon bestimmt, was Wesen über sie wissen konnten.

Die Welt war Wissen.

Twistonen

Pressemitteilung: Der Physik-Nobelpreis 2053
Die Königliche Schwedische Akademie der Wissenschaften
hat beschlossen, den Nobelpreis in Physik 2053 gemeinsam
an Katarina Smyslova und Beryl Sosa

für die Entdeckung unterschiedlicher Phasen des Twistonen-Modells der Dunklen Materie und ihrer Auswirkungen auf Supernova-Explosionen

zu vergeben.

Auszug aus einem Science-News-Network-Interview mit den Nobelpreisträgerinnen für Physik, 21.10.2053
SNN: Wie sind Sie auf die Idee gekommen, dass Ihre Forschung an der Dunklen Materie etwas mit der beobachteten Supernova-Kette zu tun haben könnte?

Katarina Smyslova: Das war nicht meine Idee, sondern die meiner Kollegin Beryl Sosa. Ich untersuchte damals eins der möglichen Modelle der Dunklen Materie, das die Bildung von Filamenten in der Galaxis beschreiben konnte, die sogenannte Twistonen-Theorie, die zuerst im Jahr 2047 aufgestellt wurde. Die Twistonen-Theorie ist eine der vielen möglichen Erweiterungen des Standard-Modells der Elementarteilchen, das die uns gut bekannten Teilchen wie Elektronen, Neutrinos oder Quarks, die Bausteine der Atomkerne, beschreibt.

Ich versuchte seit Wochen, die Gleichungen der Theorie so weit zu vereinfachen, dass ich daraus klare Vorhersagen für das Wechselwirkungsverhalten ableiten konnte. Das war ein bisher ungelöstes Problem, weil die mathematische Struktur der Theorie sehr komplex ist, denn in der Theorie gibt es mehrere unterschiedliche Arten von Twistonen, die miteinander wechselwirken und so die Filamente der Dunklen Materie formen.

Eines Abends hatte ich die Idee, eine eigentlich sehr unübliche mathematische Transformation auf die Gleichungen anzuwenden. Dabei stellte ich zu meiner Verblüffung fest, dass die Gleichung zwei unterschiedliche Grundzustände für die Teilchen vorhersagte.

SNN: Wie kann man sich das vorstellen?

Katarina Smyslova: Ich habe die grundlegenden Gleichungen in eine andere Form gebracht. In dieser Form hatte die Gleichung plötzlich eine zusätzliche Lösung. Ich versuche, es mit einer Analogie zu erklären: Welche Zahl ergibt mit sich selbst multipliziert vier?

SNN: Zwei natürlich.

Katarina Smyslova: Richtig. Jetzt stellen Sie sich vor, Sie basieren Ihre Rechnung auf dieser Lösung. Plötzlich stellen Sie fest, dass es noch eine weitere Lösung gibt, denn auch minus zwei mal minus zwei ergibt vier.

SNN: Ich verstehe. Und was bedeutete das nun für die Dunkle Materie?

Katarina Smyslova: Es bedeutet, dass die Twistonen – also die Dunkle Materie – in zwei unterschiedlichen Zuständen vorliegen können, ein bisschen wie flüssiges Eis und Wasser. Nur dass es bei den Twistonen so ist, dass im Vakuum beide Zustände möglich sind, weil sie dieselbe Energie haben. Bisher hatten unsere Theorien nur einen dieser beiden Zustände erfasst.

SNN: Und der andere?

Katarina Smyslova: Der andere Zustand zeigte eine seltsame Eigenschaft: Twistonen wechselwirken eigentlich nicht mit normaler Materie, sie koppeln nicht an elektrische oder magnetische Felder oder an die Kernkräfte. In diesem zweiten Zustand gilt das jedoch nicht mehr ganz: Twistonen in diesem Zustand können prinzipiell mit Neutrinos wechselwirken und diese absorbieren; dabei ändert sich die Art des Twistons, aus einem Typ wird ein anderer.

Ich habe diesen Zustand deshalb einen aktiven Twistonen-Zustand genannt, weil er mit normaler Materie wechselwirken kann, den gewöhnlichen Zustand dagegen bezeichnen wir als passiv.

Als ich gerade mitten in diesen Rechnungen steckte, traf ich mich mittags mit Beryl Sosa. Ich erzählte ihr von den aktiven Zuständen und der möglichen Wechselwirkung zwischen Twistonen und Neutrinos.

SNN: Frau Sosa, können Sie beschreiben, wie Sie diesen Moment erlebt haben?

Beryl Sosa. Es war sicherlich der verblüffendste Moment meines Lebens. Sie wissen, dass das Problem der Supernova-Kette in der Andromeda-Galaxie eins der größten ungelösten Probleme der Astrophysik war. Ich hatte selbst lange Zeit unterschiedliche Lösungen gesucht.

Als Katarina von der möglichen Wechselwirkung zwischen aktiven Twistonen und Neutrinos erzählte, war es wie ein Schlag. Meine Intuition sagte mir, dass das die Lösung sein konnte, nach der wir so lange gesucht hatten.

SNN: Wie hängen Neutrinos mit Supernovae zusammen?

Beryl Sosa: Alle Sterne beziehen ihre Energie aus einem Kernfusionsprozess, bei dem Protonen miteinander verschmelzen und schwerere Atomkerne bilden, beispielsweise Helium. Dabei entstehen Neutrinos. Wenn es jetzt eine zusätzliche Wechselwirkung für die Neutrinos gibt, dann kann diese die Rate der Kernreaktion beeinflussen.

Aus Katarinas Überlegungen ergab sich beispielsweise folgende Möglichkeit: Wenn Twistonen Neutrinos absorbieren können, dann muss es prinzipiell auch möglich sein, dass sie Antineutrinos, also die Antiteilchen des Neutrinos, erzeugen. Ein Antineutrino wiederum kann mit einem Proton reagieren, worauf dieses in ein Neutron und ein Positron, das Antiteilchen des Elektrons zerfällt.

SNN: Und welche Konsequenzen hat das?

Beryl Sosa: Durch diese zusätzlichen Möglichkeiten (von denen ich hier nur eine erklärt habe, es gibt noch weitere Reaktionen) ändert sich die Rate der Kernfusion in einem Stern. Als wir die relevanten Möglichkeiten in unsere Modelle einsetzten, zeigte sich, dass Sterne, die kurz vor dem Ende ihres Lebens standen und prinzipiell zu einer Supernova werden konnten, durch diese Prozesse instabil werden können.

SNN: Und das ist das, was in der Andromeda-Galaxie passiert ist?

Beryl Sosa: So ist es. Wir gehen davon aus, dass irgendwo im interstellaren Raum der Andromeda-Galaxie die Dunkle Materie ihren Zustand geändert hat. Ausgehend von diesem Punkt breitet sich die Veränderung des Zustands entlang eines Filaments der Dunklen Materie aus. Die Veränderung erreichte dann den Stern, der zur Supernova SN1885A wurde, der ersten in der Andromeda-Galaxie beobachteten Supernova, danach auch weitere Sterne.

SNN: Das erscheint mir schon sehr spekulativ. Die Modelle zeigen, dass Supernovae durch diesen Effekt ausgelöst werden könnten, aber dass das auch tatsächlich der Fall ist, lässt sich ja nicht nachweisen.

Beryl Sosa: Das ist richtig. Zunächst wurden diese Überlegungen deshalb auch nur als plausible Hypothesen betrachtet. Doch dann haben wir zusätzlich einen Stern untersucht, der als Moody's Eye bekannt ist. Das ist ein blauer Riesenstern, der im Jahr 2036 zu pulsieren begann. In einem solchen Stern könnte eine leicht erhöhte Fusionsrate durch die Twistonen dazu führen, dass sich der Kern des Sterns aufheizt, so dass er sich ausdehnt. Das wiederum würde die Dichte des Sterns verringern, so dass die Fusionsrate wieder abnehmen würde. Insgesamt ergab sich aus den Modellen eine Pulsation des Sterns mit einer Periode von einigen Wochen. Die Pulsation sollte nach den Modellen im Laufe der

Zeit schwächer werden. Genau dies hat man an Moody's Eye auch tatsächlich beobachtet.

Wir haben also zwei unabhängige Vorhersagen des Modells, die beide gut zu dem passen, das wir beobachten.

SNN: Das bedeutet also, dass die Theorie der Twistonen damit gut bestätigt ist. Muss uns das Angst machen? Wäre es prinzipiell denkbar, dass etwas Ähnliches in unserer Galaxis passiert? Welche Konsequenzen hätte das?

Katarina Smyslova: Denkbar ist das durchaus. Die Veränderung kann sich von einem Filament der Dunklen Materie zum nächsten ausbreiten, sobald sich zwei Filamente berühren. Unsere Modellrechnungen zeigen, dass sich der Effekt in etwa 200.000 Jahren auf die gesamte Andromeda-Galaxie ausbreiten wird; dann wird es dort vermutlich sehr viele Supernovae geben.

Bisher haben wir im Universum nur eine einzige Supernova-Kette beobachtet, eben die in der Andromeda-Galaxie. Andere Galaxien zeigen ein solches Phänomen nicht. Die Wahrscheinlichkeit für ein solches Phänomen scheint also nicht sehr groß zu sein.

Beryl Sosa: Sollte etwas Ähnliches in unserer Milchstraße passieren, könnte das durchaus problematisch sein. Nach unseren Modellrechnungen würde ein Stern wie die Sonne nicht instabil werden, wenn die Twistonen die Rate der Kernfusion beeinflussen, eine geringe Erhöhung der Strahlungsleistung ist aber durchaus denkbar. Das würde das Erdklima sicherlich noch weiter durcheinanderbringen.

Ein anderes Problem wären Supernovae in der Nähe der Erde. Dabei könnte die Erde beispielsweise von hochenergetischer Gamma-Strahlung getroffen werden. Zum Glück gibt es im Moment in der Nähe unseres Sonnensystems keinen Sternkandidaten, der zur Supernova werden könnte. Es gibt die Möglichkeit, dass extrem starke Supernovae, sogenannte Hypernovae, auch in größerer Entfernung zur Erde noch schädliche Auswirkungen haben können. Es wird beispielsweise spekuliert, dass ein Massensterben auf der Erde vor etwa 443 Mio. Jahren durch ein solches Ereignis ausgelöst wurde.

Es lässt sich also nicht vollkommen ausschließen, dass die Erde irgendwann von einem solchen Ereignis betroffen ist.

SNN: Das klingt ziemlich bedrohlich. Immerhin wird ja auch vom DAMNATION-Effekt gesprochen, das scheint doch sehr ernst zu sein.

Katarina Smyslova: Der Name entstand während einer Konferenz, er war eigentlich als Scherz gedacht, hat sich aber schnell verbreitet. DAMNATION steht für „Dark Matter Novae Activation by Twiston Interactions Of Neutrinos", also etwa „Dunkle-Materie-Aktivierung von Novae durch die Twiston-Wechselwirkung von Neutrinos". Ganz korrekt ist die Bezeichnung nicht; ein Kollege wies sofort darauf hin, dass eine Nova etwas anderes ist als eine Supernova, aber der Begriff hat sich gehalten, sicher auch wegen des spektakulären Namens.

Mich beunruhigt das ehrlich gesagt nur wenig. Die Wahrscheinlichkeit für ein solches Ereignis ist extrem gering, da ist es wohl wahrscheinlicher, dass man beim Spazierengehen von einem herabstürzenden Meteoriten getroffen wird.

Beryl Sosa: Das ist natürlich richtig. Trotzdem finde ich die Vorstellung, dass unsere Zivilisation durch ein solches kosmisches Ereignis ausgelöscht werden könnte, durchaus etwas beunruhigend. Wenn man spekuliert, dass es in unserer Galaxis weiteres intelligentes Leben gibt, könnte eine solche Katastrophe tatsächlich galaktische Ausmaße annehmen.

SNN: Könnte man die Veränderung in der Dunklen Materie denn prinzipiell beobachten?

Katarina Smyslova: Das wäre sehr schwierig. Man könnte einen Neutrino-Strahl erzeugen und messen, wie viele der Neutrinos absorbiert werden. Dazu müssten Sie natürlich in der Lage sein, einen Detektor mehr oder weniger am anderen

Ende der Galaxis aufzustellen. Wenn Sie heute das Neutrino-Signal losschicken, können Sie in etwa hunderttausend Jahren an Ihrem Detektor sehen, ob der Neutrinostrahl durch Twistonen im aktiven Zustand verändert wurde. Dabei habe ich noch nicht einmal berücksichtigt, dass es natürlich sehr schwer ist, Neutrinos überhaupt zu detektieren, man müsste also eine immense Anzahl an Neutrinos erzeugen, um ein messbares Signal zu bekommen.

Und selbst, wenn es gelingt: Sie wüssten dann, dass es aktive Twistonen gibt, aber das würde natürlich wenig helfen, weil Sie ja nichts dagegen tun können.

SNN: Das Ganze ist also reine Science-Fiction.

Katarina Smyslova: Auf jeden Fall!

8

Die Macht der Zahlen

Vielleicht sollte T'lik'tik einfach in den nächsten Raum wei-
tergehen, aber er zögerte immer noch. War seine Schlussfolgerung, dass das, was mit einem Lichtkörnchen geschah, das
andere beeinflusste, wirklich korrekt?

Anfangs hatte T'lik'tik angenommen, dass ein Lichtkörnchen eine eindeutige Richtung besaß und dass der Zufall
entschied, was passierte, wenn die Scheibe zu dieser Richtung geneigt war. Was er in diesem Raum gesehen hatte,
schien das infrage zu stellen, es schien möglich zu sein, dass
zwei Lichtkörnchen zwar immer dieselbe Richtung besaßen,
dass diese Richtung aber nicht von vornherein festgelegt war.

Doch war dieser Gedanke, dass die Lichtkörnchen auf
seltsame Weise miteinander verbunden waren, wirklich richtig? War es nicht auch denkbar, dass jedes Lichtkörnchen für
sich mehrere Eigenschaften besaß, die festlegten, was passierte, wenn es durch unterschiedlich stehende Scheiben durchtrat? Dass seine Vorstellung einer einfachen Richtung der
Lichtkörnchen zu simpel war, hatte T'lik'tik ja bereits früher
vermutet. Vielleicht war es stattdessen so, dass jedes Licht-

M. Bäker, *Das Quantenrätsel*,
https://doi.org/10.1007/978-3-662-67299-0_8

körnchen mehrere Richtungen gleichzeitig hatte, so dass von vornherein eindeutig festgelegt war, was passierte, wenn es eine Scheibe mit einer bestimmten Richtung durchtrat. Die Richtung eines Lichtkörnchens würde dann vielleicht etwa so beschrieben werden:

Senkrecht   o
1. Stellung   o
2. Stellung   ×
3. Stellung   o
4. Stellung   o
5. Stellung   ×
Waagerecht ×

Ein × stand dabei dafür, dass das Lichtkörnchen aufgehalten wurde, ein o dafür, dass es durchgelassen wurde. Natürlich musste die Beschreibung einen Wert für jede denkbare Richtung der Scheiben festlegen, nicht nur für die, die die Scheiben im Himmelsstein zuließen. Von der einfachen Vorstellung einer Richtung blieb nicht mehr viel übrig, wenn es so war, die Beschreibung war viel komplizierter.

Dennoch erschien es T'lik'tik durchaus denkbar, dass es so war. Dann würden die Lichtkörnchen, die von der Quelle ausgesandt wurden, jeweils genau dieselbe Beschreibung ihrer Richtung besitzen, so dass bei einer gleichen Richtung der Scheibe links und rechts immer dasselbe Ergebnis herauskam. War das nicht eine wesentlich sinnvollere Annahme als die Vermutung, die Lichtkörnchen könnten sich gegenseitig beeinflussen?

Ließ sich auf irgendeine Weise herausfinden, ob es tatsächlich so sein konnte? Es war offensichtlich, dass T'lik'tik dies nicht herausfinden konnte, wenn er die Scheiben auf beiden Seiten immer in dieselbe Richtung stellte, denn dass in diesem Fall auf beiden Seiten immer dasselbe passiert, wusste er schon. Natürlich würde es auch nicht helfen, die beiden Scheiben um ein Viertel verdreht zueinander anzuordnen; dann würde auf einer Seite immer ein Lichtkörnchen durchkommen, auf der anderen nicht.

Er musste also andere Richtungen der Scheiben verwenden. Weil beide Lichtkörnchen für jede Richtung dieselbe Beschreibung besitzen mussten, konnte T'lik'tik die Werte für zwei unterschiedliche Richtungen bestimmen. Wenn beispielsweise das nach links fliegende Lichtkörnchen bei einer senkrechten Richtung der Scheibe durchkam, bei einer um ein Achtel gedrehten aber nicht, dann galt dies auch für das rechte Lichtkörnchen. Wenn er die Scheibe auf der linken Seite senkrecht stellte und die auf der rechten um ein Achtel verdrehte, würde in diesem Fall das linke Lichtkörnchen durchkommen, das rechte nicht.

Das Problem war dabei natürlich, dass er, selbst wenn seine Annahme stimmte, nicht von vornherein wissen konnte, wie die Richtungsbeschreibung für die Lichtkörnchen jeweils aussah. Es war ja nicht so, dass die Lichtkörnchen immer durch eine senkrechte Scheibe durchkamen oder immer von ihr aufgehalten wurden. Jedes Mal, wenn die Lichtquelle zwei Lichtkörnchen aussandte, konnten diese offensichtlich eine andere Richtungsbeschreibung besitzen.

So wie T'lik'tik vorher mitgezählt hatte, um herauszufinden, wie häufig ein Lichtkörnchen, das durch eine senkrecht stehende Scheibe durchgetreten war, eine dazu anders orientierte Scheibe durchqueren konnte, musste er vermutlich auch hier vorgehen. Er musste viele Lichtkörnchen beobachten, die auf der linken und der rechten Seite auf unterschiedlich ausgerichtete Scheiben trafen und zählen, wie oft diese Lichtkörnchen die Scheiben durchquerten oder von ihnen aufgehalten wurden.

T'lik'tik fühlte sich an die vielen Rätsel erinnert, die D'pit'rag ihm gestellt hatte. Einige von ihnen waren so kompliziert gewesen, dass es schwer war, beim Überlegen den Weg nicht zu verlieren. Bei diesem Rätsel wusste er nicht einmal, ob es eine Lösung gab, aber er hatte nichts zu verlieren, wenn er es versuchte. Also versuchte er seine Gedanken noch einmal zu ordnen.

Es gab seiner Vorstellung nach zwei Möglichkeiten: Die Lichtkörnchen mochten sich gegenseitig beeinflussen. Sie wurden so ausgesandt, dass sie immer dieselbe Richtung besaßen. Wenn eins von ihnen durch eine Scheibe durchkam, hatte das andere auf jeden Fall exakt dieselbe Richtung. Wenn dieses andere Körnchen auf eine Scheibe traf, die eine andere Richtung besaß, würden die Regeln gelten, die er im vorigen Raum herausgefunden hatte: War die Scheibe nur leicht gegen die jetzt festgelegte Richtung des Körnchens verdreht, würde das Körnchen sehr wahrscheinlich durchkommen; war die Scheibe mehr als ein Achtel verdreht, würde es wahrscheinlich aufgehalten werden.

Die andere Möglichkeit war, dass die Lichtkörnchen sich nicht beeinflussen konnten. Für jedes von ihnen war in dem Moment, in dem es ausgesandt wurde, festgelegt, bei welcher Richtung einer Scheibe es durchkommen würde und bei welcher nicht. Diese Festlegung, diese Beschreibung dessen, was das Lichtkörnchen tun würde, musste für beide Lichtkörnchen dieselbe sein, nur dann würden bei gleich stehenden Scheiben immer beide durchkommen oder aufgehalten werden. Weil die Beschreibung festgelegt war, war es denkbar, dass sich bei gegeneinander verdrehten Scheiben eine andere Wahrscheinlichkeit dafür ergab, welche Lichtkörnchen durchkamen, als im ersten Fall.

Er musste also unterschiedliche Möglichkeiten betrachten, die Scheiben gegeneinander zu verdrehen. Um die Überlegung einfach zu halten, sollte er sich auf möglichst wenige Richtungen der Scheiben beschränken.

Zwei Richtungen waren vermutlich nicht genug. Er konnte die beiden Scheiben immer um ein Achtel Drehung gegeneinander verdrehen. Würden sich die beiden Lichtkörnchen beeinflussen, würde es in der Hälfte der Fälle eine Übereinstimmung geben. Wurden die Lichtkörnchen mit einer festen Beschreibung ausgesandt, konnte diese das gleiche Ergebnis liefern, auch hier konnte es so sein, dass die Beschreibung in der Hälfte der Fälle zu einer Übereinstimmung führte. T'lik'tik überlegte eine Weile, merkte aber bald, dass er so nicht weiterkam.

Vielleicht sollte er drei mögliche Richtungen der Scheibe betrachten? Er konnte die Scheiben senkrecht stellen, um ein Sechstel oder um zwei Sechstel verdrehen. Das hatte den Vorteil, dass zwei Scheiben zueinander immer um eine Sechstel Drehung verdreht waren, egal welche der Richtungen er auswählte (Abb. 8.1).

Wenn ein Lichtkörnchen, so wie er es bisher angenommen hatte, immer nur eine Richtung besaß und die Lichtkörnchen sich gegenseitig beeinflussten, würde, wenn eins der Lichtkörnchen eine Scheibe durchquert hatte, das andere Lichtkörnchen dieselbe Richtung besitzen. Traf es danach auf eine Scheibe, die um ein Sechstel verdreht war, würde es etwa in einem Viertel der Fälle diese Scheibe durchqueren, das konnte T'lik'tik von den Zahlen auf seiner Schreibtafel ablesen. Wurde das eine Lichtkörnchen dagegen aufgehalten, würde das andere in drei Vierteln der Fälle durch die Scheibe durchkommen.

Was würde passieren, wenn seine neue Überlegung richtig war, dass jedes Lichtkörnchen mehrere Richtungseigenschaften besaß und dass diese für beide Lichtkörnchen von vornherein festgelegt waren, sobald sie ausgesandt wurden?

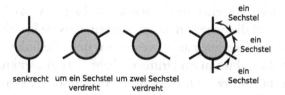

Abb. 8.1 Drei Scheiben, die jeweils um ein Sechstel zueinander verdreht sind

Tab. 8.1 T'lik'tiks Tabelle der Möglichkeiten. ○ steht für durchgelassen, × steht für aufgehalten

	○	⌀	◔
1	○	○	○
2	○	○	×
3	○	×	○
4	○	×	×
5	×	○	○
6	×	○	×
7	×	×	○
8	×	×	×

Es gab zu viele Möglichkeiten, als dass T'lik'tik sie alle im Geist durchspielen konnte. Er löschte seine Schreibtafel und begann, die Möglichkeiten aufzuschreiben. In dieser neuen Überlegung musste für jedes Lichtkörnchen für jede der drei möglichen Richtungen (senkrecht, ein Sechstel verdreht, zwei Sechstel verdreht) von vornherein festgelegt sein, ob das Lichtkörnchen die Scheibe durchqueren oder von ihr aufgehalten würde. Das ergab acht Möglichkeiten, die T'lik'tik notierte (Tab. 8.1).

Weil auf beiden Seiten immer dasselbe passierte, mussten beide Lichtkörnchen immer dieselbe Beschreibung besitzen.

Was würde jetzt passieren, wenn er die linke und die rechte Scheibe in diese drei Richtungen einstellte, also etwa eine senkrecht, die andere um ein Sechstel verdreht? In einigen Fällen würden beide Lichtkörnchen die Kästen erreichen, in einigen nur eins, in einigen keins. Es gab sechs Möglichkeiten, die Scheiben so einzustellen, dass sie jeweils um ein Sechstel gegeneinander verdreht waren: die linke senkrecht, die rechte um ein Drittel verdreht, die linke senkrecht, die rechte um zwei Drittel verdreht und so weiter. Den Fall gleicher Richtung brauchte er nicht zu betrachten, denn er wusste, dass dann auf beiden Seiten immer dasselbe passieren würde. Da die Lichtkörnchen auf beiden Seiten identisch waren, brauchte er von diesen sechs Möglichkeiten nur drei Einstellungen zu notieren; es spielte keine Rolle, ob die linke Scheibe senkrecht und die rechte verdreht war oder umgekehrt.

T'lik'tik trug die Anzahl der Lichtkörnchen, die die Kästen erreichen würden, in seine Liste ein. Beide Lichtkörnchen besaßen immer dieselbe Beschreibung, beispielsweise die dritte auf seiner Liste. Wenn in diesem Fall eine Scheibe senkrecht stand, die andere um ein Sechstel verdreht war, würde ein Körnchen durchgelassen werden, das andere nicht; stand eine Scheibe senkrecht und die andere war um zwei Sechstel verdreht, wurden beide durchgelassen (Tab. 8.2).

T'lik'tik studierte die acht Möglichkeiten genauer. Im ersten und im letzten Fall geschah auf beiden Seiten immer dasselbe, beide Lichtkörnchen wurden durchgelassen oder aufgehalten, egal wie er die Scheiben stellte. In den anderen sechs Fällen gab es jeweils zwei Möglichkeiten, wo sich die Ergebnisse unterschieden (in der Tabelle stand hier also eine 1), und eine, wo sie gleich waren (in der Tabelle stand hier eine 0 oder eine 2). So oder so war die Zahl der Über-

Tab. 8.2 T'lik'tiks vollständige Tabelle. o steht für durchgelassen, × steht für aufgehalten

	Beschreibung			Stellung						Anzahl
										Übereinstimmungen
1	o	o	o	o	o	2	o	o	2	o	o	2	3
2	o	o	×	o	o	2	o	×	1	o	×	1	1
3	o	×	o	o	×	1	o	o	2	×	o	1	1
4	o	×	×	o	×	1	o	×	1	×	×	0	1
5	×	o	o	×	o	1	×	o	1	o	o	2	1
6	×	o	×	×	o	1	×	×	0	o	×	1	1
7	×	×	o	×	×	0	×	o	1	×	o	1	1
8	×	×	×	×	×	0	×	×	0	×	×	0	3

einstimmungen zwischen der linken und der rechten Seite (auf beiden Seiten wurde das Lichtkörnchen durchgelassen oder aufgehalten) mindestens ein Drittel.

Als ihm dies auffiel, begannen seine Atemsegmente stärker zu pumpen. Unwillkürlich klopfte er mit den Vorderfüßen auf den Boden. Er wusste natürlich nicht, wie die Lichtkörnchen ausgesandt wurden; vielleicht war eine der möglichen Beschreibungen besonders häufig oder besonders selten. Dies spielte keine Rolle: Die Zahl der Übereinstimmungen auf beiden Seiten musste, wenn er es nur oft genug versuchte und die Scheiben immer wieder neu zufällig einstellte, mindestens ein Drittel betragen. Sie konnte größer sein, wenn die Beschreibungen, die er mit 1 und 8 bezeichnet hatte, häufiger auftraten, aber nicht kleiner.

War dagegen seine ursprüngliche Annahme richtig, dass die beiden Lichtkörnchen miteinander verbunden waren, würde es zwischen der rechten und der linken Seite nur in etwa einem Viertel der Fälle eine Übereinstimmung geben, denn das war der Anteil, den er bei seinen Versuchen mit zwei um ein Sechstel gegeneinander verdrehten Scheiben ermittelt hatte.

T'lik'tik versuchte, seine Überlegung noch einmal zusammenzufassen, so wie er es tun müsste, würde er ein Argument vor D'pit'rag vortragen: Er wusste, dass die beiden Lichtkörnchen immer dieselbe Richtung besaßen, wenn die beiden Scheiben rechts und links gleich ausgerichtet waren. Wenn die Lichtkörnchen sich nicht gegenseitig beeinflussen konnten, dann musste für jede Richtung bereits beim Aussenden der Lichtkörnchen festgelegt sein, ob das Körnchen die Scheibe durchqueren würde oder nicht.

Er verwendete drei mögliche Stellungen der beiden Scheiben: senkrecht und um ein Drittel verdreht, senkrecht und um zwei Drittel verdreht, um ein Drittel und um zwei Drittel verdreht. Für diese Stellungen ergaben sich acht Möglichkeiten dafür, wie ein Lichtkörnchen durchgelassen oder aufgehalten werden konnte, beispielsweise für die dritte Möglichkeit in seiner Liste: durchgelassen bei senkrechter Richtung, aufgehalten bei einer Scheibe, die um ein Sechstel verdreht war, durchgelassen bei einer Scheibe, die um zwei Sechstel verdreht war.

Wenn er die zwei Scheiben rechts und links zufällig gegeneinander verdrehte, konnte er die Fälle zählen, bei denen auf beiden Seiten dasselbe passierte, beide Lichtkörnchen also entweder durchgelassen oder aufgehalten wurden. Für zwei der acht Möglichkeiten passiert dies immer, für die anderen sechs in einem Drittel der Fälle.

Dabei war es wichtig, dass er beide Scheiben zufällig einstellte, weil er ja nicht wissen konnte, ob nicht einer der möglichen Zustände der Lichtkörnchen besonders häufig auftrat. Würde er beispielsweise die linke Scheibe immer senkrecht stellen und die rechte immer um ein Sechstel verdreht und würden die Lichtkörnchen immer so ausgesandt, dass die dritte Beschreibung auf seiner Liste zutraf, würde es überhaupt keine Übereinstimmungen auf beiden Seiten geben.

Wenn er also sehr viele Versuche machte, sollte die Zahl der Fälle, wo auf beiden Seiten dasselbe passierte, mindestens ein Drittel betragen.

Wenn dagegen die Lichtkörnchen miteinander verbunden waren, wäre es anders. Wurde das erste durchgelassen, war die Richtung des zweiten Lichtkörnchens identisch und es wurde nur in einem Viertel der Fälle ebenfalls durchgelassen. Wurde das erste Lichtkörnchen aufgehalten, würde das zweite in drei Vierteln der Fälle durchgelassen. Die Zahl der Übereinstimmungen würde also in jedem Fall nur ein Viertel betragen.

T'lik'tik war klar, dass er viele Versuche benötigen würde, um sicher zu sein. Also machte er sich an die Arbeit.

Er wusste, dass er nicht einfach selbst entscheiden durfte, wie er die Scheiben einstellen wollte. Es war für einen

Steinling fast unmöglich, eine wirklich zufällige Abfolge zu ersinnen; unbewusst würde er immer dazu neigen, regelmäßige Muster zu vermeiden. Er erinnerte sich wieder an die fünf Spitzwürfe beim Kieselwerfen; eine so unwahrscheinlich erscheinende Folge würde er, wenn er versuchen würde, Ergebnisse zufällig vorherzusagen, niemals wählen. Er benötigte einen Weg, um sicherzustellen, dass die Stellung der Scheiben wirklich zufällig war, nicht nur so erschien. Es gab sechs Möglichkeiten, die Scheiben einzustellen, zwei für jede der drei Stellungen in seiner Tabelle, je nachdem, ob er die linke oder die rechte Seite für die erste oder zweite Möglichkeit auswählte.

T'lik'tik griff in seinen Tragbeutel und suchte, bis er die lange Schnur aus Klippengras gefunden hatte, die N'ral'zog, der Weber des Dorfes, ihm gegeben hatte. Er teilte sie mit seiner Steinklinge in zwei etwa gleich lange Teile. Den einen Teil markierte er, so dass er sechs genau gleich lange Abschnitte besaß. Dann legte er ihn so gut es ging in einem Kreis auf den Boden aus.

Den anderen Teil der Schnur zerschnitt er in drei gleich lange Teile, die er jeweils von einer Markierung des Kreises zur gegenüberliegenden Seite legte. Der Kreis war jetzt in sechs gleich große Abschnitte geteilt. Wenn er einen Stein genau in der Mitte des Kreises fallen ließ, würde dieser zufällig in einen der Abschnitte rollen und damit festlegen, wie T'lik'tik die Scheiben einstellen sollte.

T'lik'tik ließ den Stein fallen, stellte die Scheiben entsprechend ein und aktivierte die Lichtquelle.

Bei den ersten vier Versuchen erhielt er keine Übereinstimmung, dann jedoch gleich vier hintereinander. Vier von acht also. Danach eine von acht, keine von acht, drei von acht, drei von acht, vier von acht, zwei von acht und keine von acht. Insgesamt also 17 von 64, etwas mehr als ein Viertel, aber weniger als ein Drittel.

T'lik'tik begann eine weitere Serie und notierte wieder, wie viele von jeweils acht Versuchen auf beiden Seiten dasselbe Ergebnis lieferten: zwei, drei, vier, eins, eins, drei, eins, keins. 15 von 64, weniger als ein Viertel also. Dann erhielt er 18 von 64 und 15 von 64. Er hätte hier vielleicht aufgehört, aber in der letzten Serie erhielt er sechsmal hintereinander eine Übereinstimmung und wurde wieder unsicher.

Nach zwei weiteren Serien zählte er zusammen. Insgesamt hatte er jetzt 384 Versuche gemacht, es war also kein Wunder, dass er sich erschöpft fühlte. Bei diesen hatte er 94 Übereinstimmungen erzielt, ziemlich genau ein Viertel aller Versuche.

Während er nach den wenigen verbleibenden Felsmoos-Resten in seinem Beutel griff, dachte er noch einmal darüber nach, was diese Überlegung wirklich zu bedeuten hatte. Es war nicht möglich, dass die beiden Lichtkörnchen jeweils von vornherein Eigenschaften besaßen, die eindeutig bestimmten, was an einer Scheibe geschah, denn unter dieser Annahme hätte er mindestens in einem Drittel aller Fälle eine Übereinstimmung erhalten müssen.

Zwei Annahmen steckten letztlich hinter seiner Überlegung: zum einen, dass das, was mit einem Lichtkörnchen geschah, auf einer Eigenschaft des Lichtkörnchens beruhte, die das Lichtkörnchen selbst besaß. Das war die Annahme, die er getroffen hatte, als er für jedes der möglichen Richtungen der Scheibe entweder o oder × in seine Liste eingetragen hatte. Die zweite Annahme war die, dass das, was an einem der Lichtkörnchen geschah, das andere nicht beeinflussen konnte.

Aus diesen beiden Annahmen hatte er gefolgert, dass sich in mindestens einem Drittel der Fälle eine Übereinstimmung auf beiden Seiten ergeben musste, doch das war nicht das, was er beobachtet hatte.

Da es zwei Annahmen waren, die nicht beide richtig sein konnten, musste also mindestens eine von ihnen falsch sein.

Es konnte sein, dass die beiden Lichtkörnchen, so wie er es bisher angenommen hatte, auf irgendeine Weise miteinander verbunden waren, so dass das, was bei einem von ihnen passiert, beeinflusste, was beim anderen geschah. In der letzten Öffnung konnte er deshalb die zweite Scheibe so einstellen, dass der Kasten immer von einem Lichtkörnchen getroffen wurde. Es mochte eine Regel geben, die bestimmte, was jeweils passierte, auch wenn es so schien, als würde dies der Zufall entscheiden, aber diese Regel musste auf einer Verbindung der beiden Lichtkörnchen beruhen. Es war natürlich seltsam, dass weit entfernte Objekte einander auf diese Weise beeinflussen konnten, würde aber seine Beobachtungen erklären.

War es auch denkbar, dass die beiden Lichtkörnchen nur scheinbar miteinander verbunden waren, aber nicht wirklich? Wenn das so war, dann konnte es, das hatte seine Überlegung ja gezeigt, keine Beschreibung der einzelnen Lichtkörnchen geben, die seine Beobachtung erklärte. Was immer dann das Verhalten der Lichtkörnchen bestimmte, würde sich einer Beschreibung, wie er sie versucht hatte, also vollständig entziehen. Diese Vorstellung erschien T'lik'tik noch seltsamer, sie schien letztlich zu sagen, dass es unmöglich war, wirklich etwas über die Objekte in der Welt zu wissen.

Erschöpft von seinen Gedanken ließ T'lik'tik sich nieder, um etwas zu essen. Ihm wurde klar, dass diese Gedanken von einer Art gewesen waren, wie kein Steinling zuvor sie jemals gehabt hatte. Nicht so sehr, weil der Himmelsstein ihm Objekte wie lichtaussendende Zylinder, Scheiben und Ähnliches offerierte, mit denen er Erkenntnisse über die Welt gewinnen konnte. Die Weisen beobachteten seit Generationen die Welt und zogen ihre Schlüsse daraus. Der Unterschied zwischen ihrer Beobachtung der seltenen Regenwolken oder der Bewegung der Sterne und seiner Beobachtung der Zylinder, Scheiben und Kästen im Himmelsstein war letztlich nur graduell, denn bisher hatte T'lik'tik in jedem Raum nur das getan, was genau so von den Erbauern vorgesehen und vorgedacht gewesen war, zu eindeutig war jeweils die Anordnung der Steine, mit denen er die Objekte manipulierte. Bisher hatte er nahezu immer, auch wenn er natürlich Teiler, Kasten oder Scheiben manipuliert hatte, nur beobachtet, was geschah.

Doch jetzt war T'lik'tik darüber hinausgegangen, er hatte einen komplizierten Gedankengang verfolgt und das Gedachte in die Tat umgesetzt: Er hatte die Öffnungen dieses Raums verwendet, hatte unterschiedliche Positionen der Scheiben eingestellt, um zu klären, wie zwei Lichtkörnchen miteinander zusammenhingen. Es war, als hätte er der Welt eine Frage gestellt, auf eine Art, die die Welt dazu zwang, sie zu beantworten und sein Wissen zu erweitern.

Keiner der Weisen hatte diese Möglichkeit jemals erwähnt, niemals zuvor hatte ein Steinling getan, was er getan hatte. T'lik'tik spürte, wie sich ihm und seinem Volk ungeahnte Möglichkeiten eröffneten, spürte das Versprechen von neuem Wissen und Erkenntnis. Er war überzeugt, dass die Fähigkeit der Erbauer, so wundersame Dinge wie den Himmelsstein mit all seinen fantastisch erscheinenden Objekten zu ersinnen und zu bauen, nur dadurch möglich gewesen war, dass sie genau so vorgegangen waren: Sie manipulierten die Welt, schufen Objekte, mit deren Hilfe sie Fragen an die Welt stellen konnten, um so zu neuen Erkenntnissen zu gelangen.

Zum ersten Mal, seit er erkannt hatte, dass der Himmelsstein ein gebautes Objekt war, fühlte er sich den Erbauern nicht mehr vollkommen unterlegen, so als wären sie übermächtige Wesen. Natürlich wussten sie unendlich viel mehr als er, aber sie waren, davon war er nun überzeugt, auf dieselbe Art zu ihrem Wissen gelangt wie er in diesem Raum.

Die Bell'sche Ungleichung

Auszug aus einem Science-News-Network-Interview mit Takumi Mitarashi, Leiter des PALADIN*-Projekts, 4.8.2119*

SNN: In den späteren Experimenten des PALADIN-Projekts kommen ja weitere Elemente hinzu. Können Sie ein wenig erklären, wozu die dienen?

Takumi Mitarashi: Ein zentrales Phänomen der Quantenphysik ist die sogenannte Verschränkung, bei der zwei Teilchen gewissermaßen einen gemeinsamen Zustand einnehmen. Die Verschränkung lässt sich für Licht am einfachsten mithilfe der Polarisation demonstrieren; deswegen haben wir zunächst Experimente entworfen, die dieses Phänomen demonstrieren.

Wenn Sie sich Licht wie in der klassischen Physik als elektromagnetische Welle vorstellen, dann hat das elektrische Feld ja eine Richtung. Das Feld steht dabei immer senkrecht auf der Bewegungsrichtung der Welle, wenn sich die Welle also nach rechts ausbreitet, kann das elektrische Feld nach oben und unten zeigen, nach vorn und hinten oder in eine beliebige Richtung dazwischen, aber eben nicht nach rechts oder links.

Im Alltag ist Licht meist unpolarisiert, das heißt, unterschiedliche Photonen haben unterschiedliche Orientierungen des elektrischen Feldes. In unseren Experimenten ist es so, dass die Photonen aus den Lichtquellen mit einer zufälligen Polarisation ausgesandt werden.

SNN: Und wie lässt sich das im Experiment nachweisen?

Takumi Mitarashi: Dazu dienen Polfilter, die wir als kreisförmige Scheiben realisiert haben. Diese Filter lassen Licht durch, wenn seine Polarisationsrichtung zur Orientierung der Scheibe passt. Diese Orientierung haben wir mit langen Drähten auf der Scheibe zu visualisieren versucht; wir hoffen, dass das hinreichend suggestiv ist.

SNN: Wenn also ein Polfilter zum Beispiel senkrecht orientiert ist, wird ein Photon durchgelassen, wenn es auch senkrecht polarisiert ist, und nicht durchgelassen, wenn es waagerecht polarisiert ist?

Takumi Mitarashi: Genau so ist es.

SNN: Das ist ja eigentlich leicht einzusehen: Wenn die Welle zum Beispiel senkrecht polarisiert ist, also nach oben und unten schwingt, dann passt sie natürlich nicht durch einen Spalt, der horizontal orientiert ist.

Takumi Mitarashi: Es liegt zwar nahe, sich das so vorzustellen, es gibt aber nicht das wieder, was wirklich in einer elektromagnetischen Welle passiert. Die Welle schwingt ja nicht im Raum auf und ab, sondern es ist das elektrische Feld, dessen Richtung nach oben und unten zeigt. Es ist nicht so, dass die Welle in irgendeiner Weise nicht durch eine Öffnung passt. Polfilter bestehen deshalb auch nicht aus schmalen Schlitzen, sondern aus länglichen Molekülen, die mit einem elektrischen Feld wechselwirken können, wenn es in Richtung der Molekülachse zeigt, aber nicht, wenn es quer zur Molekülachse orientiert ist. Deshalb kann beispielsweise eine senkrecht polarisierte Welle absorbiert werden, eine waagerecht polarisierte nicht.

SNN: Ich verstehe. Und was passiert, wenn das elektrische Feld schräg orientiert ist, also beispielsweise in einem Winkel von 45°?

Takumi Mitarashi: Dann wird die Hälfte des Lichts durchgelassen, die Hälfte wird absorbiert.

SNN: Das kann ja bei einem einzigen Photon nicht funktionieren, oder?

Takumi Mitarashi: Richtig. Bei Photonen kommt wieder der Zufall in der Quantenmechanik ins Spiel. Es gibt dann eine Wahrscheinlichkeit dafür, dass das Photon durchgelassen wird, die umso größer ist, je genauer die Polarisationsrichtung des Photons mit der des Filters übereinstimmt. Ist die Abweichung nur sehr klein, wird das Photon mit sehr hoher Wahrscheinlichkeit durchgelassen; ist sie groß, wird es mit hoher Wahrscheinlichkeit absorbiert. Bei einem Winkel von 45° ist die Wahrscheinlichkeit für Durchlass und Absorption jeweils genau 50 %. Bei einem Lichtstrahl aus vielen Photonen wird deshalb genau die Hälfte des Lichts durchgelassen, für jedes einzelne Photon entscheidet der Zufall, ob es absorbiert oder durchgelassen wird.

SNN: So ähnlich war es ja auch beim Strahlteiler, das Photon wurde mit 50 % Wahrscheinlichkeit reflektiert und mit 50 % Wahrscheinlichkeit durchgelassen.

Takumi Mitarashi: Genau. Wird das Photon durchgelassen, hat es hinter dem Polfilter die Orientierung, die der Polfilter vorgibt. Sie können sich das in der Sprache, die wir beim Interferometer verwendet haben, so vorstellen, dass ein Photon mit einer schräg orientierten Polarisation in einer Überlagerung aus dem senkrechten und dem waagerechten Zustand existiert. Der Polfilter wirkt damit wie ein Messprozess; das Photon ist nach der Messung entweder im senkrecht polarisierten Zustand und wurde durchgelassen oder es wurde absorbiert, das heißt, der waagerechte Zustand wurde realisiert.

SNN: Es gibt ja auch eine Anordnung mit mehreren Polfiltern hintereinander.

Takumi Mitarashi: Richtig. Wenn Sie mehrere Polfilter hintereinanderschalten, die alle leicht gegeneinander verdreht sind, dann passiert Folgendes: Der erste Polfilter absorbiert das Photon entweder oder lässt es durch, beispielsweise mit senkrechter Orientierung. Trifft es jetzt auf einen Polfilter, der leicht dazu verdreht ist, wird es mit hoher Wahrscheinlichkeit durchgelassen, weil die Wahrscheinlichkeit, durchgelassen zu werden, sehr hoch ist, wenn der Winkel klein ist. Hinter diesem Polfilter ist jetzt die Polarisation des Photons ebenfalls leicht verdreht. Dann trifft es auf einen weiteren, noch etwas weiter verdrehten Polfilter.

Wir können auf diese Weise die Orientierung eines Photons drehen, indem wir viele Polfilter hintereinanderschalten, die jeweils nur leicht gegeneinander verdreht sind. Da bei sehr geringer Verdrehung die Durchlasswahrscheinlichkeit sehr hoch ist, wird das Photon durch jeden der Filter durchgelassen und hat am Ende die Orientierung des letzten Filters.

SNN: Ich habe noch eine Frage: Wenn ich es richtig sehe, kann man sich die Polarisation wie einen kleinen Pfeil vorstellen, der eine Richtung angibt. Das erinnert mich an die Wahrscheinlichkeitsamplitude, die war ja auch eine Art Strecke, sie hatte eine Richtung, in die sie zeigt, und eine Länge. Gibt es da einen Zusammenhang?

Takumi Mitarashi: Eigentlich nicht. Die Wahrscheinlichkeitsamplitude ist eine abstrakte Größe, eine komplexe Zahl. Ihre Richtung hat nichts mit einer Richtung im Raum zu tun. Die Richtung einer Polarisation dagegen ist eine tatsächliche räumliche Richtung, die Richtung, in die das elektrische Feld des Photons zeigt. Ein direkter Zusammenhang besteht da nicht. Diese Verwechslungsgefahr ist aber der Grund, warum ich es bewusst vermieden habe, die Amplitude, wie es gern gemacht wird, als Pfeil zu symbolisieren.

SNN: Ich verstehe.

Takumi Mitarashi: Es gibt noch einen weiteren Quanteneffekt, der im PALADIN-Projekt eine Rolle spielt, auch wenn wir ihn in den Räumen der Lander nicht direkt demonstrieren. Dies ist der sogenannte Zeno-Effekt, benannt nach einem griechischen Philosophen.

SNN: War Zenon nicht derjenige, der verschiedene Paradoxien ersonnen hat, um zu beweisen, dass Bewegung letztlich nicht existieren kann? Wenn ein Pfeil sich an einem Ort befindet, nimmt er einen bestimmten Raum ein. Er ist dann in diesem Raum und kann sich dort nicht bewegen, weil er dort bereits ist; auf der anderen Seite kann er sich nicht dort bewegen, wo er noch gar nicht ist. Also ist Bewegung letztlich unmöglich.

Takumi Mitarashi: Genau das war Zenons Überlegung. In der Quantenmechanik gibt es tatsächlich einen ähnlichen Effekt. Wir können ihn auch mit Photonen demonstrieren. Dazu benötigen wir einen sogenannten Polarisationsdreher, ein Bauteil, das den Winkel von polarisiertem Licht um einen bestimmten Betrag drehen kann.

SNN: So wie es eine Anordnung von gegeneinander verdrehten Polfiltern tut?

Takumi Mitarashi: Nicht ganz. Wenn Sie mehrere Polfilter hintereinanderschalten, wird die Polarisation des Lichts zwar gedreht, aber ein Photon hat am Ende immer dieselbe Polarisationsrichtung, denn die Hälfte der Photonen wird ja am ersten Polfilter aufgehalten. Hinter dem ersten Polfilter liegt die Polarisationsrichtung damit fest, und damit ist sie auch hinter dem letzten eindeutig bestimmt.

In einem Polarisationsdreher dagegen wird die Polarisationsrichtung eines Photons gedreht, egal wie die Polarisation anfänglich war; das Photon wird also niemals absorbiert, sondern immer durchgelassen, wenn auch mit veränderter Polarisationsrichtung.

SNN: Gut. Was hat das jetzt mit Zenons Paradoxien zu tun?

Takumi Mitarashi: Nehmen Sie an, wir haben ein senkrecht polarisiertes Photon, das auf den Polarisationsdreher trifft, der seine Polarisation leicht dreht, danach auf einen zweiten, dritten und vierten (Abb. 8.2).

SNN: Dann wird die Polarisationsrichtung des Photons entsprechend stark verdreht sein, viermal so stark wie bei einem einzigen Polarisationsdreher, oder nicht?

Takumi Mitarashi: Ganz genau. Nehmen Sie an, das Photon wäre anfänglich senkrecht polarisiert. Sie können jetzt hinter jedem der Polarisationsdreher einen weiteren, senkrecht orientierten Polfilter anordnen.

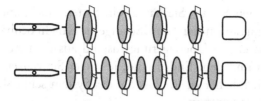

Abb. 8.2 Beispiel für den Quanten-Zeno-Effekt. Die Polarisationsrichtung eines Photons kann durch mehrere Polarisationsdreher (im Bild als dickere Scheiben dargestellt) verdreht werden. Schaltet man hinter jeden Polarisationsdreher einen senkrecht orientierten Polfilter, ist die Wahrscheinlichkeit hoch, dass das Photon diesen passiert und so wieder senkrecht polarisiert wird. Eine wiederholte Messung eines Zustands kann also diesen Zustand stabilisieren

SNN: Das Photon ist anfänglich senkrecht polarisiert. Hinter jedem Polarisationsdreher wird seine Polarisationsrichtung gedreht, dann trifft es wieder auf einen senkrecht orientierten Polfilter. Dort kann es entweder absorbiert werden oder es wird durchgelassen und ist damit wieder senkrecht polarisiert.

Takumi Mitarashi: Richtig. Wenn Sie sich jetzt vorstellen, dass jeder Polarisationsdreher die Polarisation nur um einen sehr kleinen Winkel ändert, ist die Wahrscheinlichkeit, dass das Photon absorbiert wird, sehr klein.

SNN: Weil die Polarisationsrichtung des Photons nur wenig gegen die Senkrechte verdreht ist und bei nur leichter Verdrehung die Absorption sehr unwahrscheinlich ist. Wir haben dann am Ende ein immer noch fast senkrecht polarisiertes Photon.

Takumi Mitarashi: Richtig. Die Polarisationsdreher würden den Zustand des Photons sozusagen ständig ändern, indem sie seine Polarisationsrichtung drehen. Wenn sie das Photon immer wieder durch Polfilter schicken, messen sie den Zustand des Photons und hindern es so daran, seinen Zustand zu ändern.

Nehmen Sie an, Sie hätten ein System, das seinen Zustand langsam ändern kann. Solange Sie es nicht beobachten, ist es in einem Überlagerungszustand aus dem Ausgangszustand und dem Endzustand; je länger Sie warten, desto wahrscheinlicher ist es, dass Sie das System schließlich im Endzustand messen.

SNN: Analog dazu, wie das Photon seine Polarisationsrichtung immer weiterdreht, wenn es immer mehr Polarisationsdreher durchquert.

Takumi Mitarashi: So ist es. Wenn Sie das System beobachten und es im Ausgangszustand ist, kennen Sie seinen Zustand. Wenn Sie es direkt danach wieder beobachten, hat sich der Zustand noch nicht weit vom Ausgangszustand entfernt und die Wahrscheinlichkeit, dass Sie diesen bei einer erneuten Messung wieder vorfinden, ist sehr groß. Wenn Sie ein System also permanent messen, hat es sozusagen keine Gelegenheit, seinen Zustand zu ändern. Das ist der Quanten-Zeno-Effekt.

SNN: Das erinnert mich an das englische Sprichwort „A watched pot never boils".

Takumi Mitarashi: Richtig. Wir hoffen im PALADIN-Projekt, dass dieser Effekt dazu dienen kann, die Gefahr durch den DAMNATION-Effekt zu verringern.

SNN: Eigentlich wollten wir über die Verschränkung reden.

Takumi Mitarashi: Die Verschränkung von Teilchen lässt sich mit polarisierten Photonen nachweisen, deswegen hatte ich das Konzept eingeführt. Dabei verwendet man eine spezielle Lichtquelle, die zwei Photonen gleichzeitig erzeugt, und zwar so, dass ihre Polarisation immer identisch ist.

SNN: Also beispielsweise beide senkrecht oder beide waagerecht polarisiert?

Takumi Mitarashi: Nein. Die Richtung der Polarisation der beiden Photonen ist dabei nicht festgelegt, aber sie ist, wenn man sie misst, für beide immer dieselbe. Die Photonen sind in einem Überlagerungszustand, aber das Besondere an der Verschränkung ist, dass diese Überlagerung beide Photonen involviert.

SNN: So ganz klar ist mir das nicht.

Takumi Mitarashi: Am einfachsten betrachten Sie das Experiment, das wir auch im PALADIN-Projekt verwenden. Zwei Photonen werden gemeinsam in entgegengesetzte Richtungen ausgesandt und passieren jeweils einen Polfilter. Solange die beiden Polfilter gleich orientiert sind, werden die Photonen beide immer durchgelassen, unabhängig von der Richtung der Polfilter; sind sie senkrecht zueinander orientiert, wird eins von ihnen durchgelassen, das andere nicht.

SNN: Kann es nicht einfach sein, dass beide Photonen einfach immer mit einer eindeutigen Orientierung ausgesandt werden?

Takumi Mitarashi: Nein. Nehmen Sie an, Sie machen viele Versuche, mal stellen Sie die Polfilter senkrecht, mal waagerecht, mal unter 45°. Sie beobachten Folgendes:

1. Nehmen wir an, wir stellen die Polfilter auf beiden Seiten senkrecht. Passiert das eine Photon den senkrechten Polfilter, dann auch das andere, wird eins absorbiert, dann auch das andere. Beide Photonen sind also gleich polarisiert.

2. Wenn wir annehmen, dass der Zustand des Photons eindeutig ist und das eine Photon das andere nicht beeinflussen kann, müssen die Photonen also in einem eindeutigen Zustand losfliegen – entweder beide senkrecht oder beide waagerecht polarisiert.

3. Aus den früheren Experimenten wissen wir: Trifft ein senkrecht polarisiertes Photon auf einen Polfilter unter +45°, wird es mit 50 % Wahrscheinlichkeit durchgelassen, mit 50 % Wahrscheinlichkeit absorbiert. Welcher Fall eintritt, ist zufällig.

4. Nehmen wir stattdessen an, wir stellen die Polfilter in einem Winkel von +45°. Passiert das eine Photon den Polfilter unter +45°, dann auch das andere, wird eins absorbiert, dann auch das andere.

5. Genau wie bei 2. können wir folgern, dass die Photonen entweder unter +45° oder unter −45° polarisiert erzeugt werden.

Wie Sie sehen, ergibt sich ein Widerspruch. Die Annahme, dass zwei Photonen immer mit gleicher, festgelegter Orientierung ausgesandt werden, funktioniert nicht. Dann müsste es zum Beispiel einen Fall geben, wo die Photonen senkrecht orientiert sind, wir die Polfilter aber unter +45° orientiert haben und ein Photon zufällig durchgelassen wird, das andere nicht. So etwas beobachten wir aber nie. Man nennt das auch das Einstein-Podolski-Rosen-Paradoxon, kurz EPR-Paradoxon, weil diese drei Wissenschaftler sich als Erste ein solches Experiment ausgedacht haben.

SNN: Der Zustand der Photonen ist also so, dass ihre Orientierung selbst zwar unbestimmt ist, dass aber festgelegt ist, dass sie immer gleich ist.

Takumi Mitarashi: Genau so ist es. Diese Verbindung zwischen den beiden Photonen ist ein Beispiel für die Verschränkung. Es ist nicht möglich, den Zustand jedes Photons isoliert zu betrachten; vielmehr können wir den Zustand nur gemeinsam für beide Photonen spezifizieren.

SNN: Wenn ich das eine Photon hinter dem Polfilter messe, kenne ich doch seine Orientierung, durch die Messung wird die Orientierung ja, wenn auch zufällig, festgelegt. Damit liegt auch die Orientierung des anderen Photons fest, auch wenn sie vorher unbestimmt war. Das ist vermutlich wieder das, was Sie als Kollaps der Wellenfunktion bezeichnet haben, richtig?

Takumi Mitarashi: Ganz genau. Beide Photonen waren vorher in einem gemeinsamen Zustand, der eine Überlagerung aus allen denkbaren Orientierungen beschreibt. Wenn Sie ein Photon eindeutig messen, liegt damit der Zustand des anderen Photons ebenfalls fest.

SNN: Könnte man das nicht nutzen, um Signale zu übertragen? Nehmen wir an, wir beide bedienen die Polfilter. Wenn ich meinen Polfilter senkrecht stelle, ist danach Ihr Photon entweder senkrecht oder waagerecht orientiert, das könnten Sie doch messen.

Takumi Mitarashi: Nein, das geht leider nicht. Denn ob das Photon an einem Polfilter absorbiert oder durchgelassen wird, ist ja zufällig. Nehmen Sie an, Sie wollen mir mithilfe der Verschränkung ein Signal schicken und wir haben eine Lichtquelle so eingestellt, dass sie zwei verschränkte Photonen aussendet. Eins ist zu Ihnen unterwegs, das andere zu mir. Ich stelle meinen Polfilter also senkrecht und messe beispielsweise, dass das Photon durchgelassen wird. Was kann ich daraus über die Stellung Ihres Polfilters schließen? Wenn Sie ihn senkrecht gestellt haben, wurde das Photon bei Ihnen auch durchgelassen. Es könnte auch sein, dass Sie den Polfilter waagerecht gestellt haben, und das Photon bei Ihnen wurde absorbiert. Oder Ihr Polfilter war unter 45° eingestellt, danach war auch mein Photon entsprechend unter 45° polarisiert und traf jetzt auf einen senkrechten Polfilter, durch den es mit 50 % Wahrscheinlichkeit durchgelassen wurde. Es könnte sogar sein, dass Sie vergessen haben, das Experiment zu machen und nach Hause gegangen sind, so dass auf Ihrer Seite gar kein Polfilter vorhanden war.

Erst wenn wir unsere Ergebnisse vergleichen, können wir sehen, dass die Photonen verschränkt waren, aber nur mit den Photonen einer Seite lässt sich das nicht entscheiden, und es lässt sich eben keine Information übertragen.

SNN: Ich verstehe. So ganz überzeugt bin ich immer noch nicht, dass die Argumentation bezüglich der Verschränkung zwingend ist. Könnte es nicht sein, dass der Zustand einfach komplizierter ist, dass sozusagen beim Aussenden jedes Photon eine genaue Tabelle mitbekommt, was unter welchem Winkel passiert?

Takumi Mitarashi: Das ist ein sehr guter Gedanke. Man spricht in so einem Fall von verborgenen Variablen, also der Annahme, dass der Zustand von Quantenteilchen zwar eindeutig festgelegt ist, dass wir aber eben keinen experimentellen Zugriff auf all diese Größen haben und deswegen scheinbar zufällige Ereignisse sehen.

Man kann das aber ausschließen, wenn man das Ganze statistisch untersucht. Dazu stellt man die Polfilter auf beiden Seiten unter unterschiedlichen Winkeln ein und vergleicht die Ergebnisse. Wenn man annimmt, dass für jedes Photon von vornherein festgelegt ist, was bei einer bestimmten Stellung der Polfilter passiert, und dass die Messungen weder einander noch den Zustand der Photonen beeinflussen, dann kann man eine Grenze für die Wahrscheinlichkeiten festlegen, die man Bell'sche Ungleichung nennt.

Ein einfacher Fall wäre, dass Sie die Polfilter senkrecht oder in Winkeln von $+60°$ oder $-60°$ orientieren. Ein einfaches Abzählen aller denkbaren Möglichkeiten sagt Ihnen, dass Sie in mindestens einem Drittel aller Fälle auf beiden Seiten Übereinstimmung erzielen müssen, wenn der Zustand der Photonen von vornherein festgelegt ist. Führen Sie das Experiment jedoch tatsächlich durch, sehen Sie, dass Sie nur in einem Viertel der Fälle tatsächlich eine Übereinstimmung bekommen.

Eine der Annahmen, die man in einem solchen Modell macht, muss also falsch sein. Folgende Annahmen stecken in diesem Modell: zum einen die, dass die Photonen sich nicht beeinflussen, zum anderen die, dass wir die Photonen in irgendeiner Weise beschreiben können, die das festlegt, was wir messen werden. Eine dieser beiden Annahmen ist also falsch. Die Quantenmechanik ist also entweder nichtlokal, das heißt, auch weit entfernte Ereignisse können sich beeinflussen, oder sie ist nichtrealistisch.

SNN: Unter „nichtrealistisch" kann ich mir nicht viel vorstellen.

Takumi Mitarashi: Eine Theorie ist nichtrealistisch, wenn die Elemente, die wir in der Theorie zur Beschreibung der Welt benutzen, gar keine echte Entsprechung in der realen Welt haben. Verwenden wir beispielsweise die Wellenfunktion zur Beschreibung von Quantenphänomenen, hat diese letztlich keine Entsprechung in der wirklichen Welt, sie beschreibt kein physikalisches Objekt.

Beides gleichzeitig ist natürlich auch möglich, die Quantenmechanik kann sowohl nichtlokal als auch nichtrealistisch sein.

Einstein, Podolski und Rosen haben die Logik dieses Experiments genau deshalb ersonnen, um zu zeigen, dass die Quantenmechanik problematisch ist, weil sie eben keine lokale und realistische Beschreibung der Natur zulässt.

SNN: Darüber würde ich später gern noch weiterreden.

9

Das Unsichtbare sehen

Immer noch euphorisch betrat T'lik'tik einen weiteren Raum mit vier Öffnungen. Er war zuversichtlicher als je zuvor, dass er auch die Rätsel dieses Raums entschlüsseln würde und sah neugierig in die erste Öffnung.

Sie enthielt eine Lichtquelle auf der linken Seite, danach etwas Neues: Es war ein durchscheinender Block, der an einen Kristall erinnerte. Dahinter befand sich etwas, das auf den ersten Blick wie ein Teiler aussah. Anders als die Teiler, die er bisher gesehen hatte, besaß dieser einen dünnen Rahmen. T'lik'tik vermutete, dass er sich in irgendeiner Weise von den Teilern aus den vorigen Räumen unterschied; wie genau, würde er herausfinden müssen. Hinter dem Teiler lag ein Spiegel (Abb. 9.1).

Zwei Kästen waren so angeordnet, dass man Licht von Teiler oder Spiegel auf sie lenken konnte. Die Öffnung besaß vier Steine. Mit dem ersten konnte er die Lichtquelle aktivieren, diesmal anscheinend wieder in unterschiedlicher Stärke. Ein weiterer Stein beim Kristall erlaubte ihm, den Kristall aus dem Lichtweg herauszuschieben; zwei weitere

M. Bäker, *Das Quantenrätsel*, https://doi.org/10.1007/978-3-662-67299-0_9

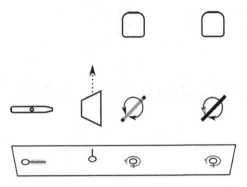

Abb. 9.1   Sechster Raum, erste Öffnung, Aufsicht

Steine drehten, wie er schnell herausfand, Spiegel und den neuartigen Teiler.

T'lik'tik aktivierte die Lichtquelle, während er den Kristall im Lichtweg beließ, und drehte am Teiler, sodass das Licht in den Raum geworfen wurde. Zu seiner Überraschung war der Lichtpunkt, den er sah, nicht violett, sondern erschien tiefrot. T'lik'tik sah den Teiler genauer an und erkannte, dass dieser selbst farbig war; alles, was er durch ihn hindurch sah, erschien ihm grünlich.

T'lik'tik löschte die Lichtquelle und besah sich den Teiler aus der Nähe, während er ihn drehte. Sein Spiegelbild im Teiler war tiefrot. Tiefrotes Licht wurde also vom Teiler reflektiert, anderes Licht wurde durchgelassen, deshalb erschien alles, was er durch den Teiler hindurch sah, grünlich. Der Teiler warf also nur tiefrotes Licht zurück, ließ dagegen andere Farben durch. Er beschloss, diesen Teiler als Halbspiegel zu bezeichnen, weil er einige Farben spiegelte, andere aber nicht.

Er wandte sich dem zweiten Spiegel zu und betrachtete ihn genauer. Er schien sich in nichts von den Spiegeln zu unterscheiden, die er in den anderen Räumen gesehen hatte. Er drehte den Spiegel und ließ das Licht in den Raum reflektieren; es erschien ihm orangefarben.

War es der Halbspiegel, der das Licht in seine Farben aufspaltete und aus dem violetten Licht tiefrotes und orangefarbenes Licht machte oder passierte dies bereits im Kristall? T'lik'tik schob den Kristall aus dem Lichtweg heraus. Der tiefrote Lichtpunkt verschwand, der zweite änderte seine Farbe und war nun violett. Anscheinend war es also der Kristall, der das Licht aufspaltete und aus dem violetten Licht orangefarbenes und tiefrotes machte, das erschien ihm einfach und klar. Der Halbspiegel ließ das violette Licht genauso hindurch wie das orangefarbene, er veränderte die Lichtkörnchen also nicht.

Doch dann erschrak er. Was bedeutete das für die Lichtkörnchen? T'lik'tik drehte Halbspiegel und Spiegel so, dass sie das Licht auf die Kästen warfen und verschob den Stein, der die Lichtquelle aktivierte, nach links, sodass nur noch einzelne Lichtkörnchen ausgesandt wurden. Im gewohnten Takt leuchtete die kleine Erhebung auf der Oberseite der Lichtquelle auf und im selben Takt leuchteten beide Kästen. T'lik'tik schob den Kristall aus dem Lichtweg hinaus. Wie er es erwartet hatte, blieb der linke Kasten dunkel, der rechte leuchtete weiter im Takt.

Die Folgerung daraus schien ihm klar: Der Kristall spaltete ein Lichtkörnchen und machte daraus zwei. Eins davon wurde am Halbspiegel reflektiert, das andere wurde durchgelassen und auf den zweiten Kasten gelenkt. Aber wie konnte das sein? Alles, was T'lik'tik in den bisherigen Räumen gelernt hatte, machte klar, dass Lichtkörnchen unteilbar waren, doch das schien nun nicht mehr zu gelten. Waren all seine Überlegungen falsch gewesen?

Mit gesenkten Tentakeln dachte er nach – war all sein Stolz über das, was er herausgefunden hatte, nur Überheblichkeit gewesen? Hatte er in Wahrheit gar nichts verstanden? Doch als er sich an die vielen Erkenntnisse erinnerte, die er gewonnen hatte, die Rätsel, die er hatte lösen müssen, um bis hierher vorzudringen, beruhigte er sich wieder. Es war nicht zu leugnen, dass er bisher Vieles richtig verstanden hatte. Wenn in diesem Raum etwas seinen bisherigen Erkenntnissen zu widersprechen schien, kam etwas Neues zu seinem Wissen hinzu, aber das Alte wurde dadurch nicht hinfällig. Die Erbauer des Himmelssteins hatten ihre Rätsel bisher so angeordnet, dass man sie verstehen und lösen konnte. Welchen Sinn sollte es haben, ihm viele Räume lang vorzugaukeln, Lichtkörnchen seien unteilbar, wenn dies in Wahrheit nicht der Fall war?

Das, was der Kristall in diesem Raum tat, war etwas Neues, etwas Besonderes, das war klar. T'lik'tik vermutete, dass die unterschiedlichen Farben des Lichts hier eine entscheidende Rolle spielten. Vielleicht war es so, dass ein Lichtkörnchen des violetten Lichts nicht in zwei halbe violette Lichtkörnchen gespalten werden konnte, wohl aber in zwei andere Lichtkörnchen. Licht konnte farbig sein, das wusste T'lik'tik natürlich. Bisher hatte er noch nicht darüber nachgedacht, was das für die einzelnen Lichtkörnchen bedeutete, aber wenn Licht aus einzelnen Körnchen bestand, war es denkbar, dass jedes Lichtkörnchen auch eine Farbe besaß, auch wenn es zu schwach war, als dass er die Farbe direkt sehen konnte.

Violette Lichtkörnchen waren anders als orangefarbene oder tiefrote. Wurde ein violettes Lichtkörnchen im Kristall gespalten, wurden aus ihm zwei neue, andere Lichtkörnchen, es wurde also nicht wirklich gespalten, sondern es wurden aus einem Objekt zwei andere gemacht. Wie das geschah, war natürlich unklar; es war möglich, dass das Lichtkörnchen in komplizierter Weise gespalten wurde, aber auch, dass das ursprüngliche Lichtkörnchen im Kristall verschwand und zwei neue an seine Stelle traten.

T'lik'tik ging weiter zur nächsten Öffnung. Hier traf das Licht aus der Quelle zuerst auf einen gewöhnlichen Teiler.

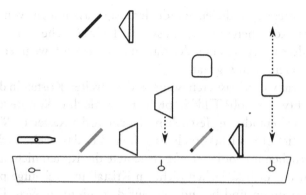

Abb. 9.2 Sechster Raum, zweite Öffnung, Aufsicht

Auf dem hinteren Weg wurde es durch einen Spiegel umgelenkt und traf auf einen Verzögerer, im anderen Weg befanden sich ein Kristall und ein Halbspiegel. Dieser würde
tiefrote Lichtkörnchen auf einen Kasten lenken, auf dem
geraden Weg lagen ein weiterer Verzögerer und ein Kasten.
Dieser Kasten ließ sich zwischen den beiden Lichtwegen verschieben. Schließlich gab es noch einen weiteren Kristall, der
sich direkt hinter den ersten Kristall schieben ließ (Abb. 9.2).
  T'lik'tik überlegte: Ein Lichtkörnchen würde auf den Teiler treffen und konnte beide Wege gehen. Auf dem hinteren
Weg würde es auf Spiegel und Verzögerer treffen, auf dem
vorderen würde es am Kristall in zwei Körnchen gespalten
werden, von denen das tiefrote vom Halbspiegel auf den Kasten gelenkt werden würde, während das orangefarbene den
Verzögerer erreichte. Er aktivierte die Lichtquelle. Anders
als bei der Öffnung zuvor gab es hier keine Unterteilung am
Stein, der die Lichtquelle steuerte; diese sandte also immer
nur ein einzelnes Lichtkörnchen aus. Bei der Hälfte der ausgesandten Lichtkörnchen leuchtete der Kasten im Weg des
tiefroten Lichtkörnchens auf. Wenn er das tat und T'lik'tik
den zweiten Kasten in den vorderen Lichtweg schob, dann

leuchtete auch dieser. Wurde der erste Kasten nicht von einem Körnchen erreicht, musste das Lichtkörnchen auf dem anderen Weg sein und der Kasten leuchtete auf, wenn er im hinteren Lichtweg war.

Was würde passieren, wenn er den zweiten Kristall in den Lichtweg schob? T'lik'tik probierte es, doch er konnte keinerlei Veränderung feststellen – leuchtete der Kasten im Weg des tiefroten Lichtkörnchens auf, fand er das zweite Lichtkörnchen im vorderen Weg, leuchtete der Kasten nicht auf, war das Lichtkörnchen nicht im Kristall in zwei aufgespalten worden und befand sich auf dem hinteren Weg. Der zweite Kristall schien also keinerlei Auswirkungen auf die Lichtkörnchen zu haben.

Warum hatten die Erbauer ihn dann überhaupt in die Anordnung aufgenommen? Vielleicht wollten sie ihm nur zeigen, dass ein Kristall nur violettes Licht aufspalten konnte, aber kein orangefarbenes oder tiefrotes. Vielleicht würde es später eine Öffnung geben, in der dies wichtig wurde; ansonsten würde T'lik'tik erneut über das Problem nachdenken.

Was hatte er an dieser Öffnung gelernt? Ein Lichtkörnchen konnte an einem Teiler zwei mögliche Wege gehen und trotzdem auf einem der beiden Wege in zwei andere Lichtkörnchen aufgespalten werden. Er konnte das tiefrote Lichtkörnchen nutzen, um zu sehen, welche der beiden Möglichkeiten tatsächlich realisiert wurde.

Es war ein wenig verwirrend, dass es jetzt zwei ganz unterschiedliche Weisen gab, ein Lichtkörnchen zu teilen: Ein Teiler ließ ein Lichtkörnchen zwei mögliche Wege gehen; ein Kristall dagegen spaltete ein Lichtkörnchen in zwei andersartige Lichtkörnchen auf. T'lik'tik begann zu ahnen, dass das Aufspalten eines Lichtkörnchens an einem Kristall komplizierte Anordnungen ermöglichte, in denen Lichtkörnchen auf unterschiedlichen möglichen Wegen laufen und miteinander wechselwirken konnten, ähnlich wie es im dritten Raum gewesen war.

Und tatsächlich. Die dritte Öffnung in diesem Raum schien genau so eine Anordnung zu enthalten. Sie war kompliziert: Ein Teiler und ein Spiegel lenkten ein Lichtkörnchen auf zwei mögliche, parallele Wege. Auf beiden Wegen würde es auf einen Kristall treffen, dann auf einen Halbspiegel, der ein tiefrotes Lichtkörnchen auf einen Kasten lenken würde. Vor jeden dieser Kästen ließ sich eine Wand schieben (Abb. 9.3).

Auf dem weiteren Lichtweg lag jeweils ein Verzögerer, dann auf dem vorderen Weg ein Spiegel, sodass beide Lichtwege wieder zusammenliefen. Sie trafen auf zwei weitere Kästen in den beiden möglichen Wegen, in die er einen Teiler schieben konnte. Die Anordnung war sehr ähnlich zu der im dritten Raum; nur dass hier zusätzlich die Kristalle, Halbspiegel und weiteren Kästen vorhanden waren. T'lik'tik beschloss, den Kästen Nummern zu geben, um sie leichter auseinanderhalten zu können.

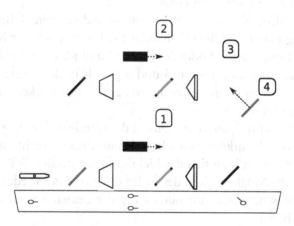

Abb. 9.3 Sechster Raum, dritte Öffnung, Aufsicht. Eingezeichnet sind auch die Nummern, die T'lik'tik den Kästen gibt

Was würde passieren, wenn er die Lichtquelle aktivierte? Ein Lichtkörnchen würde am Teiler geteilt und dann jeweils an einem Kristall in zwei Lichtkörnchen aufgespalten werden. Das orangefarbene Lichtkörnchen würde weiterlaufen. War der hintere Teiler nicht im Lichtweg, würde es Kasten 3 erreichen, wenn es den vorderen Weg nahm und Kasten 4 auf dem hinteren Weg. Die tiefroten Lichtkörnchen würden am Halbspiegel auf einen der Kästen 1 und 2 gelenkt werden. Sobald das geschah, gab es keine zwei Möglichkeiten mehr: Wenn Kasten 1 aufleuchtete, wurde der vordere Weg realisiert und das Lichtkörnchen konnte nicht auf dem hinteren Weg sein; leuchtete Kasten 2, war es nicht möglich, dass ein Lichtkörnchen sich auf dem vorderen Weg befand.

Die tiefroten Lichtkörnchen und ihre zugehörigen Kästen machten eindeutig, auf welchem Weg das orangefarbene Lichtkörnchen sich befand. Daran würde sich auch nichts ändern, wenn er den Teiler einschob, es konnte keine Beeinflussung von Möglichkeiten mehr geben. Jeder der beiden Kästen am Ende der Anordnung sollte also zufällig in der Hälfte der Fälle aufleuchten.

T'lik'tik aktivierte die Lichtquelle und sah seine Überlegung bestätigt. Ohne den Teiler leuchteten entweder Kasten 1 und Kasten 3 oder der Kasten 2 und Kasten 4 auf. Mit Teiler leuchteten Kasten 3 und 4 jeweils in der Hälfte der Fälle auf, unabhängig davon, wo das tiefrote Lichtkörnchen angezeigt wurde.

Was würde passieren, wenn er die Wände in den Weg der tiefroten Lichtkörnchen schob? Dann wusste er nicht mehr, auf welchem Weg sich das Lichtkörnchen befand. Würden sich die Möglichkeiten der Lichtkörnchen dann wieder beeinflussen, sodass nur noch einer der beiden Kästen aufleuchtete?

Er probierte es, doch nichts änderte sich. Nach wie vor war es so, dass Kasten 3 und 4 jeweils in der Hälfte der Fälle aufleuchteten, auch wenn der Teiler im Lichtweg lag.

Warum war das so? Die Wand, auf die die Lichtkörnchen trafen, war vollkommen schwarz, es war für ihn also nicht möglich zu wissen, auf welche Wand ein tiefrotes
Lichtkörnchen getroffen war. Doch stimmte das wirklich?
Wenn ein schwarzer Gegenstand im Sonnenlicht lag, wurde
er warm, das Licht, das ihn traf, wurde in Wärme umgewan-
delt. Könnte er seine Tentakel in die Öffnung hineinstecken
und wären diese sehr empfindlich, würde er spüren, welche
der Wände das Lichtkörnchen getroffen hatte, denn diese
würde geringfügig wärmer sein.

Dass er dies hier im Himmelsstein nicht tun konnte, weil
er die undurchsichtige Wand vor der Öffnung nicht durch-
brechen konnte, und dass seine Tentakel eine so winzige
Temperaturänderung, wie sie ein einzelnes Lichtkörnchen
verursachen würde, gar nicht spüren konnten, spielte keine
Rolle. Prinzipiell war es möglich; ja, T'lik'tik war sich sogar
sicher, dass die Erbauer des Himmelssteins mit ihren fan-
tastischen Fähigkeiten einen Weg dafür hätten. Und selbst,
wenn das nicht so wäre, veränderte die Wand sich in irgendeiner Weise, wenn sie das Lichtkörnchen verschluckte,
und diese Veränderung konnte man prinzipiell verwenden,
um den Lichtweg zu bestimmen, selbst wenn dies für ihn
oder gar für die Erbauer des Himmelssteins praktisch nicht
möglich war.

Auch eine Wand wirkte also wie ein Kasten, was die möglichen Lichtwege betraf. Solange es prinzipiell möglich war,
die Lichtwege zu unterscheiden, konnten am zweiten Teiler auch keine Möglichkeiten einander beeinflussen, denn
es gab jeweils nur eine Möglichkeit.

T'lik'tik ging weiter zur letzten Öffnung. Die Anordnung
war ähnlich zur vorigen, aber etwas verwirrender. Ein Teiler
und ein Spiegel lenkten die Lichtkörnchen wieder auf zwei
mögliche Wege. Auf dem vorderen trafen sie auf einen Kristall, danach auf einen Halbspiegel, der ein tiefrotes Lichtkörnchen in Richtung des hinteren Lichtwegs lenken wür-

de. Auf diesem Weg befand sich eine Wand, die T'lik'tik jedoch verschieben konnte. Ein zweiter Halbspiegel würde das tiefrote Lichtkörnchen in den hinteren Lichtweg umleiten. Hinter dem zweiten Halbspiegel lagen ein weiterer Kristall und ein dritter Halbspiegel, der ein tiefrotes Lichtkörnchen auf eine Wand lenken würde. Ein Spiegel im ersten Lichtweg und ein Teiler vor den beiden Kästen vervollständigten die Anordnung in der üblichen Weise (Abb. 9.4).

T'lik'tik verstand jetzt, warum die Erbauer in den ersten beiden Öffnungen dafür gesorgt hatten, dass er wusste, dass orangefarbene und tiefrote Lichtkörnchen nicht von einem Kristall beeinflusst wurden und dass alle Lichtkörnchen außer den tiefroten einen Halbspiegel ungehindert durchquerten, denn wenn er die Wand in der Mitte aus dem Lichtweg des tiefroten Lichtkörnchens entfernte, würde es den Kristall im hinteren Weg erreichen. Genauso würde ein violettes Lichtkörnchen auf dem hinteren Weg den Halbspiegel durchqueren müssen.

T'lik'tik ließ die Wand in der Mitte in ihrer Position im Lichtweg des tiefroten Lichtkörnchens und aktivierte die Lichtquelle. Wenn seine Überlegung richtig war, dass eine

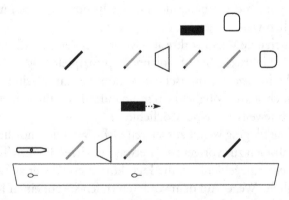

Abb. 9.4 Sechster Raum, vierte Öffnung, Aufsicht

Wand wie ein Kasten wirkte und den Lichtweg festlegte, sollten beide Kästen jeweils in der Hälfte der Fälle aufleuchten. Genau dies geschah auch. Als der rechte Kasten das erste Mal aufleuchtete, begann die Türöffnung am Ende des Raums schwach aufzuleuchten, doch sie erlosch sofort vollständig, als der andere Kasten von einem Lichtkörnchen getroffen wurde.

Das einzige, was T'lik'tik an dieser Öffnung tun konnte, war, die Wand in der Mitte aus dem Lichtweg herauszuschieben. Er war deshalb nicht überrascht, dass nur der rechte Kasten aufleuchtete, als er es tat, und dass sich die Tür zum nächsten Raum öffnete. Er konnte sehen, dass dieser Raum anders aussah als alle vorigen, aber obwohl er neugierig war, blieb er trotzdem stehen und überlegte.

Ohne die Wand in der Mitte war es anscheinend so, dass sich die beiden möglichen Wege der Lichtkörnchen beeinflussen konnten. Ging das Licht den vorderen Weg, wurde es aufgespalten, das tiefrote Lichtkörnchen wurde auf den hinteren Weg gelenkt und traf dort schließlich die Wand; ging das Lichtkörnchen den hinteren Weg, wurde es dort aufgespalten, das tiefrote Lichtkörnchen am dritten Halbspiegel umgelenkt und erreichte ebenfalls die Wand.

Die Wand wirkte zwar wie ein Kasten, das hatte er herausgefunden, aber es war jetzt nicht mehr möglich herauszufinden, woher das tiefrote Lichtkörnchen kam, das die Wand traf. Egal welchen Weg das violette Lichtkörnchen anfänglich ging, ein tiefrotes Lichtkörnchen würde die Wand treffen. Deshalb konnten sich die beiden möglichen Lichtwege für das orangefarbene Lichtkörnchen beeinflussen, sodass Licht immer nur einen der Kästen traf.

Es war eine raffinierte Anordnung. Als T'lik'tik sie noch einmal betrachtete, wurde ihm klar, dass sie nicht nur raffiniert war, sondern auch eine seltsame Möglichkeit bot: Wenn man das Aufleuchten der Kästen betrachtete, konnte man herausfinden, ob sich eine Wand in der Mitte befand oder nicht. War die Wand vorhanden, konnten beide Kästen aufleuchten, war sie nicht vorhanden, leuchtete nur der rechte Kasten auf. Wenn also der hintere Kasten aufleuchtete, wusste man, dass die Wand sich in der Mitte, im Weg des tiefroten Lichtkörnchens befand, obwohl dieses Lichtkörnchen niemals einen Kasten erreichte und niemals angezeigt wurde. Damit war es möglich, Dinge zu „sehen", obwohl das Licht, das auf diese Dinge traf, niemals ein Auge erreichte. Die Welt, wie sie sich T'lik'tik im Himmelsstein offenbart hatte, war wahrhaft verblüffend.

$$* * * * * * * * * *$$

sSsuuaSsaaWaSseaaNnare fand schnell heraus, dass der Kristall in der ersten Öffnung einen Lichtpuls in zwei spaltete, die, anders als zuvor, beide gleichzeitig sichtbar waren und beide jeweils einen Kasten zum Aufleuchten bringen konnten. Die beiden Lichtpulse besaßen unterschiedliche Farben. Einer von ihnen wurde am ersten Spiegel reflektiert, der andere durchgelassen; diesen Spiegel würde sie deshalb als Halbspiegel bezeichnen.

Es gab also anscheinend zwei unterschiedliche Arten, einen Lichtpuls zu teilen: An einem Teiler wie in den früheren Kammern wurde ein Puls aufgeteilt, ohne dabei seine Eigenschaften zu verändern. Sobald einer der Pulse einen Kasten erreichte, entschied sich, ob dieser Kasten aufleuchtete oder ob der Puls sich auf dem anderen Weg befand. Der Kristall dagegen spaltete einen Lichtpuls auf eine andere Weise, er machte aus einem Lichtpuls wirklich zwei Pulse, die beide an einem Kasten angezeigt werden konnten, der Puls wurde tatsächlich aufgespalten. Wie dies genau geschah, war sSsuuaSsaaWaSseaaNnare nicht klar, doch die andere Farbe der beiden Pulse zeigte, dass die Pulse tatsächlich ihre Eigenschaften änderten.

Die nächste Öffnung enthielt eine Vielzahl von einzelnen Teilen. Ein Lichtpuls wurde an einem Teiler geteilt und auf dem vorderen Weg von einem Kristall aufgespalten. Wenn einer der gespaltenen Lichtpulse den Kasten erreichte, dann war jetzt der Lichtpuls auf diesen Weg festgelegt und befand sich mit Sicherheit nicht auf dem anderen Weg. Erreichte kein Lichtpuls den ersten Kasten, war damit klar, dass sich der Lichtpuls auf dem anderen Weg befand. Letztlich war dies nicht komplizierter als die Anordnung in der zweiten Kammer, bei der es einen Teiler und einen Verzögerer gegeben hatte; nur dass hier ein Lichtpuls in zwei geteilt war. Der zusätzliche Kristall zeigte ihr, dass ein Kristall bereits gespaltene Lichtpulse nicht noch einmal aufspalten konnte, sondern sie unverändert ließ.

Die Anordnung in der dritten Öffnung folgte zunächst derselben Logik: Ein Lichtpuls wurde am Teiler geteilt, danach auf jedem der beiden Wege aufgespalten. Einer der gespaltenen Pulse erreichte dann einen Kasten. Der andere Puls ging jeweils durch einen Verzögerer. Ähnlich wie in der dritten Kammer konnte sSsuuaSsaaWaSseaaNnare einen Teiler in den Weg schieben.

Das Ergebnis war wenig überraschend: Wurde der Puls am ersten Kasten vorn angezeigt, leuchtete kurze Zeit später der hinterste Kasten auf, leuchtete der Kasten hinten auf, folgte kurz darauf der Kasten ganz rechts. Sobald ein Kasten im Weg des aufgespaltenen Pulses lag, wurde er angezeigt oder nicht. Damit war festgelegt, wo sich der andere Teil des aufgespaltenen Lichtpulses befand.

sSsuuaSsaaWaSseaaNnare schob den Teiler in den Weg der Lichtpulse. Ohne die gespaltenen Pulse wäre die Anordnung jetzt identisch zu der aus der dritten Kammer: Dort hatten die beiden Pulse wie Wellen miteinander reagiert und sich auf einem der Wege ausgelöscht, auf dem anderen dagegen nicht. Doch hier konnte das nicht passieren, denn der Weg, den die Lichtpulse nahmen, war festgelegt, sobald der erste Kasten vorn oder hinten erreicht wurde. Es gab deshalb keine zwei Wellen, die miteinander wechselwirken konnten; egal welchen Weg der Puls genommen hatte, er wurde am zweiten Teiler geteilt und erreichte zufällig entweder den hintersten Kasten oder den ganz rechts.

Wurde ein Lichtpuls in einem Kristall in zwei Teile gespalten, waren diese Teile miteinander verbunden, ähnlich wie es die beiden Lichtpulse in der Kammer zuvor gewesen waren, deren Richtungen immer übereinstimmten. Das Aufspalten des Lichtpulses bestimmte den Weg eindeutig, sobald ein Kasten erreicht wurde.

Es spielte auch keine Rolle, ob der Lichtpuls statt auf einen Kasten auf eine Wand traf. sSsuuaSsaaWaSseaaNnare wusste in diesem Fall zwar nicht, wo sich der erste Teil des gespaltenen Pulses befand, aber wenn er die Wand traf, würde diese sich in irgendeiner Weise verändern, so wie sich etwas in ihrem Körper veränderte, wenn ein Lichtpuls ihr Auge traf, der Weg des Lichtpulses stand damit nach wie vor fest.

sSsuuaSsaaWaSseaaNnare schwamm weiter zur vierten Öffnung und überlegte, bis ihr die Logik des Aufbaus klar wurde: Solange die Wand in der Mitte in den Lichtweg des Pulses geschoben war, gab es keinen wirklichen Unterschied zur Öffnung davor: Es gab zwei Wege, auf denen der Lichtpuls jeweils gespalten werden konnte, einer der beiden gespaltenen Pulse würde jeweils eine Wand erreichen und damit wurde bestimmt, wo sich der andere Teil des gespaltenen Lichtpulses befand.

Doch wenn sie die Wand entfernte, sorgte die Anordnung der Halbspiegel dafür, dass die Pulse, die den Lichtweg anzeigen konnten, wieder zusammenliefen und ununterscheidbar waren. Wenn das so war, gab es keine Möglichkeit mehr, die beiden Lichtwege zu unterscheiden, beide waren möglich und damit gab es zwei Wellen, die miteinander wechselwirken konnten. Ohne die Wand konnte also nur der rechte Kasten erreicht werden, mit der Wand dagegen beide.

sSsuuaSsaaWaSseaaNnare nahm kaum zur Kenntnis, dass die Öffnung zur nächsten Kammer sich öffnete, denn die Subtilität dieses Aufbaus faszinierte sie. Er ermöglichte etwas Verblüffendes: Wenn der hintere Kasten aufleuchtete, wusste sie, dass die Wand in der Mitte eingeschoben war, obwohl der Lichtpuls, der diesen Weg gegangen war, ja auf die Wand getroffen war und sie seinen Weg gar nicht bestimmen konnte. Sie konnte die Wand damit in gewisser Weise „sehen", obwohl der Lichtpuls, auf dessen Weg die Wand lag, keinen Kasten erreichte.

Wenn sSsuuaSsaaWaSseaaNnare ein Auge ausbildete, hatte sie unterschiedliche Möglichkeiten, die Sinneszellen darin zu formen; je nachdem, wie sie es tat, nahm sie Licht unterschiedlich wahr, und Licht, das sie mit einer Art von Zellen sehen konnte, war für eine andere Art von Zellen unsichtbar. Sie konnte sich vorstellen, dass es eine Form von Licht geben konnte, die sie mit keiner ihrer Sinneszellen sehen konnte; trotzdem würde ein Aufbau wie dieser hier es möglich machen, Objekte in diesem Licht zu „sehen" – die seltsame Verbindung, die es zwischen Lichtpulsen geben konnte, machte es möglich.

Das PALADIN-Projekt

Science News Network Featured Article, 31.7.2119, Fortsetzung

Das PALADIN-Projekt ist damit ein zentraler Bestandteil der Erkundung der Galaxis innerhalb des UI-TE-RANGIORA-Programms und ist ebenso langfristig angelegt.

Im Jahr 2049 wurde entdeckt, dass die Dunkle Materie in zwei unterschiedlichen Zuständen existieren kann und dass einer dieser Zustände mit Neutrinos wechselwirken kann. Wie das Beispiel der Andromeda-Galaxie zeigt, können hierdurch Supernova-Ketten ausgelöst werden, die zumindest

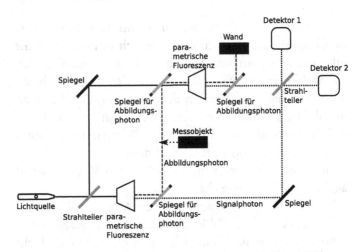

Abb. 9.5 Versuchsaufbau zur Messung eines Objekts mithilfe von Abbildungsphotonen, die selbst nicht detektiert werden. Die Abbildungsphotonen sind mit den gleichzeitig erzeugten Signalphotonen verschränkt. Trifft das Abbildungsphoton auf einem der beiden Wege auf das Messobjekt, sind die Wege des Signalphotons unterscheidbar, sodass es keine Interferenz gibt; ist kein Messobjekt vorhanden, trifft das Abbildungsphoton auf jeden Fall auf die Wand, die Wege des Signalphotons sind nicht mehr unterscheidbar

theoretisch das Leben in der Galaxis bedrohen könnten. Dieses Phänomen ist unter dem Namen DAMNATION-Effekt bekannt.

Im Rahmen des PALADIN-Projekt werden die selbst replizierenden Sonden des UI-TE-RANGIORA-Programms so ausgestattet, dass sie die Filamente der Dunklen Materie auf lange Distanzen durchstrahlen. Das Projekt soll so den Zustand der Dunklen Materie messen und dabei soweit möglich den ungefährlichen Zustand der Dunklen Materie stabilisieren. Der Name PALADIN steht für Passive/Active Long-range Array for Dark-matter Imaging using Neutrinos (Passiv-Aktiv-Langstrecken-Anordnung zur Dunklen-Materie-Abbildung mit Neutrinos).

Da die Dunkle Materie auch im aktiven Zustand nur mit Neutrinos wechselwirkt, die nur eine geringe Wechselwirkung mit gewöhnlicher Materie besitzen und entsprechend schwer zu detektieren sind, wird ein Quanteneffekt zur Messung ausgenutzt. Das Prinzip dieses Aufbaus wurde zunächst im Jahr 2014 an einem Experiment mit Photonen demonstriert, siehe Abb. 9.5. Dabei wird ein hochenergetisches Photon auf einen Strahlteiler geleitet. Auf beiden möglichen Wegen trifft es auf einen Kristall, der mithilfe der sogenannten parametrischen Fluoreszenz ein Photon in zwei Photonen mit geringerer Energie aufspaltet. Eins dieser Photonen kann als Signalphoton bezeichnet werden, das andere als Abbildungsphoton, da es mit dem abzubildenden Objekt wechselwirkt. Auf dem vorderen Weg läuft das Signalphoton weiter, wird von einem Spiegel umgelenkt und trifft dann auf einen Strahlteiler. Das auf dem vorderen Weg erzeugte Abbildungsphoton wird mit einem Spiegel, der nur Licht der entsprechenden Wellenlänge reflektiert, umgelenkt und kann auf seinem Weg mit dem Messobjekt wechselwirken. Das Signalphoton auf dem hinteren Weg trifft ebenfalls auf den Strahlteiler, das Abbildungsphoton wird auf eine Wand gelenkt.

Befindet sich kein Objekt im Lichtstrahl, wird das Abbildungsphoton auf beiden Wegen auf die Wand gelenkt. Die beiden Zustände des Signalphotons sind damit ununterscheidbar und sie können wechselwirken. In diesem Fall interferieren sie so miteinander, dass nur Detektor 2 erreicht werden kann. Befindet sich dagegen das Messobjekt im Weg des Abbildungsphotons, kann prinzipiell bestimmt werden, auf welchem Weg sich das Signalphoton befindet, indem man beispielsweise die Energieerhöhung des Messobjekts oder der Wand misst. Damit liegt eine Weg-Information für das Signalphoton vor, eine Interferenz ist jetzt nicht mehr möglich. Jedes Signalphoton wird damit am Strahlteiler entweder reflektiert oder durchgelassen, jeweils mit einer Wahrscheinlichkeit von 50 %. Schickt man also mehrere Photonen durch den Versuchsaufbau und misst ein Signal bei Detektor 1, weiß man, dass sich das Messobjekt im Strahlgang des Abbildungsphotons befindet.

Das Besondere an diesem Aufbau ist, dass die Abbildungsphotonen selbst nicht detektiert werden müssen. Im PALADIN-Projekt treten Neutrinos, die mit der Dunklen Materie wechselwirken können, an Stelle der Abbildungsphotonen. Es werden zunächst extrem hochenergetische Gammastrahlungsphotonen erzeugt. Mit Hilfe der im Jahr 2081 entwickelten Z-Konverter können diese Photonen dazu gebracht werden, in ein Neutrino-Antineutrino-Paar und ein Photon mit einer niedrigeren Energie zu zerfallen.

Durch die gemeinsame Erzeugung des niederenergetischen Photons und der Neutrinos sind diese drei Teilchen quantenmechanisch miteinander verschränkt. Der Messaufbau macht sich dies zunutze, indem das anfängliche Gammastrahlungsphoton zunächst an einem speziell entwickelten halbdurchlässigen Spiegel aufgespalten wird. Einer der beiden Teilstrahlen durchläuft den Z-Konverter, der andere dagegen nicht. Beide Strahlen werden wieder zusammengeführt und durchqueren dann das All in Richtung auf den Zieldetektor (Abb. 9.6).

Am Zieldetektor befindet sich ein weiterer Z-Konverter, in dem der hochenergetische Teilstrahl ebenfalls aufgespalten werden kann. Dadurch entstehen aus diesem Teilstrahl ebenfalls ein Neutrino und ein Antineutrino. Die Zustände der Neutrinos sind damit nicht unterscheidbar. Deshalb können die beiden niederenergetischen Photonen, die Signalphotonen, miteinander interferieren. Wird dagegen das Neutrino oder das Antineutrino auf dem Weg durch die Galaxis absorbiert, so findet keine Interferenz statt, weil die beiden Zustände prinzipiell unterscheidbar sind.

Die Durchstrahlung der Dunklen Materie mit hochenergetischen Neutrinos hat noch eine weitere Auswirkung, die

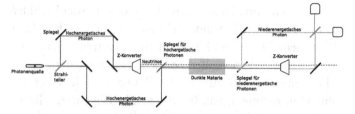

Abb. 9.6 Schematische Darstellung des Detektoraufbaus. Ein hochenergetisches Photon wird an einem Strahlteiler geteilt. Auf einem der beiden Wege zerfällt es in einem Z-Konverter in ein niederenergetisches Photon und ein Neutrino-Antineutrino-Paar. Der andere Weg des hochenergetischen Photons wird mit dem Weg dieser Neutrinos zusammengeführt. Dazu dient ein Spiegel, der niederenergetische Photonen durchlässt, hochenergetische Photonen dagegen reflektiert. Die Teilchen bewegen sich durch das All und durchqueren dabei die Filamente der Dunklen Materie. An der Zielsonde lenkt ein weiterer Spiegel niederenergetische Photonen ab, während hochenergetische weiterlaufen und auf einen weiteren Z-Konverter treffen. Hinter dem zweiten Z-Konverter sind die Zustände der Neutrinos nicht mehr unterscheidbar, da in beiden Fällen ein niederenergetisches Photon und ein Neutrino-Antineutrino-Paar erzeugt wurden, eine Interferenz der Photonen ist deshalb möglich. Wird dagegen ein Neutrino in der Dunklen Materie absorbiert, sind die Zustände prinzipiell unterscheidbar und es kommt zu keiner Interferenz

auf dem quantenmechanischen Zeno-Effekt beruht: Die Dunkle Materie hat zu jedem Zeitpunkt eine Wahrscheinlichkeit, vom passiven in den aktiven Zustand überzugehen. Solange keine weiteren Wechselwirkungen stattfinden, kann sie sich in einem Überlagerungszustand aus beiden Möglichkeiten befinden. Eine Wechselwirkung mit Neutrinos wirkt in diesem Zustand wie eine Messung. Solange die Wahrscheinlichkeit für den aktiven Zustand klein ist, wird deshalb der passive Zustand durch diese Messung stabilisiert. Auch wenn die Stärke dieses Effekts nicht genau berechnet werden kann, könnte die Durchstrahlung mit Neutrinos also selbst bereits einen Teil zum Schutz der Galaxis beitragen.

Zusätzlich zum Signalaustausch zur Messung der Dunklen Materie besitzen die Sonden ein Archiv aus verschränkten Elektronen. Dieses Archiv kann für quantenmechanische Experimente zwischen allen Sonden genutzt werden.

Der umstrittenste Aspekt des PALADIN-Projekts ist die Kontaktaufnahme mit außerirdischen Intelligenzen. Hierzu wurden spezielle Lander konstruiert, die sich an unterschiedliche Umweltbedingungen anpassen können. Im Inneren der Lander wurden einfache Versuchsaufbauten platziert, die prüfen sollen, ob intelligente Lebewesen in der Lage sind, die physikalischen Grundlagen der Quantenmechanik nachzuvollziehen. Nur wenn ihnen dies gelingt, erhalten sie weitere Informationen über das UI-TE-RANGIORA-Programm und den DAMNATION-Effekt.

Auf diese Weise sollen andere Intelligenzen auf die mögliche Bedrohung durch den DAMNATION-Effekt aufmerksam gemacht werden. Es besteht die Hoffnung, dass diese vielleicht in der Lage sind, eine Veränderung der Dunklen Materie detaillierter zu untersuchen oder dem Effekt sogar entgegenzuwirken.

10

Erklärungen

Der nächste Raum war anders als alle vorherigen. Er war quadratisch, besaß keine Öffnungen in der Wand und schien auf den ersten Blick vollkommen leer zu sein. Anders als in den anderen Räumen waren die Wände mit einem feinen Netzwerk aus gelben Linien durchzogen. Etwas ratlos schaute T'lik'tik sich um und überlegte, welche Aufgabe er in diesem Raum erfüllen sollte.

Etwas schien sich zu verändern. T'lik'tik hielt es zuerst für eine Täuschung seiner ermüdeten Augen, doch dann war er sich sicher, dass es wirklich geschah: Das Licht im Raum wurde immer dunkler. Er erschrak, als sich die Tür zum vorigen Raum schloss, aber er hatte inzwischen genügend Vertrauen in die Erbauer des Himmelssteins, um keine wirkliche Angst zu empfinden. Mit all ihrer Macht hatten sie es sicherlich nicht nötig, ihm eine komplizierte Falle zu stellen.

Dieser Gedanke beruhigte ihn. Er wartete, während das Licht schließlich vollständig erlosch. In der Schwärze vor ihm erkannte er plötzlich einzelne Lichtpunkte, die sich langsam bewegten, wie Sterne im Nachthimmel. Einer der

M. Bäker, *Das Quantenrätsel*,
https://doi.org/10.1007/978-3-662-67299-0_10

Lichtpunkte bewegte sich zwischen den Sternen und wurde immer größer. Es war ein unregelmäßig geformtes weißes Objekt mit vielen Auswüchsen und Vorsprüngen, das ihn an den Himmelsstein erinnerte.

Das Objekt näherte sich einem besonders hellen Stern, der langsam größer und gleißender wurde. Licht entstand an der Vorderseite des Objekts und seine Bewegung wurde langsamer. Die gleißende Kugel verschwand seitlich aus dem Blickfeld, während sich das Objekt einem anderen Lichtpunkt näherte, der langsam größer wurde und zu einer bräunlichen Kugel mit blaugrünen Flecken darauf wuchs.

Das Objekt teilte sich und in einem der Teile erkannte T'lik'tik den Himmelsstein, der sich der Kugel näherte, bei der es sich um seine Heimat, Duuhrn, handeln musste.

Natürlich wusste T'lik'tik, dass Duuhrn eine Kugel war – näherte man sich den Tentakeln von Mur'Bk, sah man zuerst deren Spitzen, bevor der Rest von ihnen sichtbar wurde, und wenn die Sonne unterging, wurden ihre Spitzen noch beleuchtet, wenn der Rest von ihnen bereits im Schatten lag. Händler, die weit nach Norden reisten, berichteten, dass die Sonne dort mittags höher stand, als sie es bei T'lik'tiks Wohnklippen tat. Dennoch war es eine Sache, dies zu wissen, eine andere, Duuhrn in dieser Weise zu sehen.

Feuer flammte an der Unterseite des Himmelssteins auf, als er langsam auf Duuhrn herabschwebte.

Das Bild änderte sich und zeigte die Stachelhalm-Steppe, auf die sich der Himmelsstein herabsenkte. Dann geschah eine Weile nichts, doch die Bewegung der Sonne am Himmel wurde schneller und T'lik'tik verstand, dass die Bilder mit hoher Geschwindigkeit abliefen. Es wurde siebenmal dunkel und wieder hell, bis sich etwas dem Himmelsstein näherte. Das Bild wurde größer und er erkannte sich selbst, wie er den Himmelsstein untersuchte. Die Erbauer des Himmelssteins hatten ihn also beobachtet und erwartet.

Wieder veränderte sich das Bild. Es zeigte Duuhrn und die Sonne, dann wurden beide immer kleiner und T'lik'tik erkannte ein Meer von Sternen. Immer weiter schien sich der Blickpunkt zu entfernen, bis T'lik'tik sah, dass die Sterne in einer großen, flachen Scheibe angeordnet zu sein schienen, die mehrere helle, spiralförmig angeordnete Bereiche besaß, in denen sich die Sterne zu konzentrieren schienen.

Das Bild fuhr näher an einen der hellen Bereiche heran und zeigte schließlich einen Stern, der immer größer wurde, bis er zu einer Sonne wurde, ähnlich wie die Duuhrns, wenn auch etwas heller. Die Sterne waren also nicht einfach himmlische Objekte, sondern waren Sonnen, die so weit entfernt von Duuhrn waren, dass man sie nur als Punkte erkennen konnte.

Um die Sonne bewegten sich mehrere Welten wie Duuhrn. Eine von ihnen war eine Kugel, die anders als Duuhrn blauweiß erschien und die einen großen grauen Begleiter zu haben schien. T'lik'tik fragte sich, wie es sein mochte, auf der Oberfläche einer solchen Welt zu stehen und am Himmel eine solche Kugel zu sehen. Die Vorstellung erschien ihm beängstigend.

In der Nähe der Welt sah T'lik'tik mehrere Objekte, die dem glichen, von dem sich der Himmelsstein gelöst hatte. Sie begannen sich zu bewegen und entfernten sich in unterschiedliche Richtungen. Wieder entfernte sich der Blickpunkt, die Bilder schienen zu beschleunigen und zeigten, wie eines der Objekte ein anderes Sternsystem erreichte und sich dort teilte. Einige der Teile flogen zu zwischen den Sternen schwebenden Steinbrocken, landeten auf ihnen und flogen dann wieder zurück. Sie begannen, in der Nähe des Objekts weitere, identische Objekte zu bauen, und schließlich entfernten sich fünf der Objekte von diesem Stern.

Die Bilder beschleunigten weiter und zeigten wieder die gesamte, spiralförmige Sternansammlung. Kleine leuchtende Linien breiteten sich zwischen den Sternen aus, ausgehend von dem Punkt, an dem sich die blauweiße Welt befunden hatte, und überzogen langsam wie ein Netz die Sternansammlung. T'lik'tik begriff, dass diese Linien nicht wirklich existierten, sondern dass sie ihm verdeutlichen sollten, wie sich die Objekte zwischen den Sternen ausbreiteten.

Immer weiter versank er in der Betrachtung der gezeigten Szenen.

Viel Zeit war vergangen, die Bilder waren längst beendet, aber T'lik'tik saß immer noch reglos da und dachte nach.

Nicht alles von dem, was er gesehen hatte, konnte er verstehen. Die Bilder hatten den Himmel von Duuhrn gezeigt, dann die Region des Sterngeleges, die immer weiter vergrößert wurde. Auch das Sterngelege war eine riesige spiralförmige Ansammlung von Sternen. T'lik'tik fragte sich, wie viele solcher Ansammlungen es geben mochte und wie unvorstellbar viel größer das Universum sein musste, als er bisher gedacht hatte.

Etwas im Sterngelege war anders als in der Sternansammlung, in der Duuhrn lag. Gelegentlich blitzte ein Stern auf; als das Bild sich vergrößerte, erkannte T'lik'tik, dass im Sterngelege nicht neue Sterne entstanden, sondern Sterne mit einem grellen Aufleuchten zu sterben schienen.

Dieses Sterben der Sterne schien von etwas verursacht zu werden, das sich zwischen den Sternen befand, einer seltsamen Substanz, die die Bilder in einer Weise dargestellt hatten, die zeigte, dass sie nicht wirklich sichtbar war, aber trotzdem vorhanden.

Eine seltsame Bildfolge hatte den Aufbau im letzten Raum gezeigt und dieses Bild mit dem der Objekte, die zwischen den Sternen reisten, überlagert. Sollten die vielen Himmelssteine, die die Erbauer anscheinend ausgesandt hatten, die Substanz zwischen den Sternen beobachten, in ähnlicher Weise, wie der Aufbau im letzten Raum zeigen konnte, ob eine Wand vorhanden war?

Wollten die Erbauer ihm mitteilen, dass auch seine Welt in Gefahr war, dass auch Duuhrns Sonne sterben konnte? Für einen Moment überfiel ihn Angst. Er beruhigte sich wieder, als im einfiel, dass er dann viele sterbende, scheinbar neue Sterne am Himmel hätte sehen müssen. Vielleicht war seine Welt eines Tages in Gefahr, doch diese Zeit lag sicher in ferner Zukunft.

Viel hatte er durch die Bilder in diesem Raum erfahren – die Sterne waren in Wahrheit Sonnen wie die Sonne Duuhrns, es gab viel mehr von ihnen, als er und die Weisen je gedacht hatten, sie wurden von Welten umkreist, auf denen Wesen leben konnten. Einige von ihnen hatten den Himmelsstein ausgesandt, nicht nur den, der auf Duuhrn gelandet war, sondern eine Vielzahl weiterer, die die Sterne besuchten.

Dass die Sterne von anderen Welten umkreist werden konnten, die ähnlich wie Duuhrn waren, zeigte noch etwas anderes: Es gab keinen Unterschied zwischen dem Stoff, aus dem Steinlinge bestanden, und dem himmlischer Objekte, keine fundamentale Trennung zwischen ihnen.

Auf diese fundamentale Frage hatte er somit eine Antwort gefunden. Was sonst hatte er im Himmelsstein über das Wesen der Welt gelernt?

Die Welt war Stein. Davon war er überzeugt gewesen, bevor er den Himmelsstein betreten hatte, und davon war er immer noch überzeugt, auch wenn sich sein Bild davon, wie sich diese Körnchen verhielten, stark gewandelt hatte. Früher hatte er sie sich wirklich wie Steine vorgestellt, die noch viel kleiner als Sandkörner in der Wüste waren, sich aber wie diese verhielten. Doch nun wusste er, dass diese Körnchen auf eine merkwürdige Weise anders waren.

Lichtkörnchen verhielten sich nicht wie gewöhnliche Objekte. Wenn es unterschiedliche Möglichkeiten dafür gab, was eins dieser Körnchen tat, die man nicht direkt beobachtete, dann konnten diese Möglichkeiten in komplizierter

Weise miteinander zusammenwirken, fast so, als würde ein Körnchen zwei Wege gleichzeitig gehen. Am Ende aber war ein Körnchen unteilbar, ein Körnchen konnte immer nur einen Kasten zum Aufleuchten bringen, niemals zwei.

Plötzlich wurde T'lik'tik klar, dass es immer noch Rätsel gab, die durch keine der Öffnungen im Himmelsstein geklärt wurden: Welcher der möglichen Wege eines Lichtkörnchens realisiert wurde, entschied sich, sobald man es beobachtete: Wenn einer der Kästen aufleuchtete, dann wusste er, dass das Lichtkörnchen an diesem Ort war, Kästen in anderen möglichen Wegen des Lichtkörnchens blieben dann dunkel. Unklar blieb aber, wie sich entschied, welche der Möglichkeiten realisiert wurde. Gab es einen Mechanismus, eine tiefer gehende Erklärung dafür, welchen der Kästen ein Lichtkörnchen erreichte, wenn es hinter einem Teiler zwei Kästen gab oder war es tatsächlich der Zufall, der dies entschied? War die Welt im Innersten tatsächlich zufällig, so, wie es den Anschein hatte?

Ein weiteres Rätsel kam hinzu: Waren zwei Lichtkörnchen verbunden, dann beeinflusste das, was mit einem Lichtkörnchen geschah, die Möglichkeiten des anderen Lichtkörnchens. Was aber war die Natur dieser Verbindung? Hier im Himmelsstein waren die beiden Lichtkörnchen natürlich immer dicht beieinander, aber die Bilder, die er gesehen hatte, zeigten ihm, dass Ähnliches auch über unvorstellbar große Entfernungen passieren konnte.

Dies war eine Erkenntnis, die seine Vorstellung von der Welt stärker infrage stellte, als ihm bisher klar gewesen war: Es war nicht möglich anzunehmen, dass ein Lichtkörnchen ein Objekt war wie ein gewöhnlicher Stein, ein Objekt, das sich an einem Ort befand und bestimmte Eigenschaften hatte, die diesem Objekt und diesem Ort zugeordnet werden konnten. Weit entfernte Lichtkörnchen waren miteinander verbunden und diese Verbindung hatte Auswirkungen, die er direkt nachprüfen konnte. Die Eigenschaften eines Lichtkörnchens waren nicht auf dieses Lichtkörnchen beschränkt, sondern mussten in Verbindung mit anderen, weit entfernten Lichtkörnchen betrachtet werden: Was mit einem geschah, beeinflusste, was er für das andere beobachtete.

Dies widersprach all dem, was er über die Welt zu wissen geglaubt hatte: Damit ein Objekt ein anderes beeinflussen konnte, mussten sie aufeinander einwirken. Um einen Stein zu bewegen, konnte er zu ihm gehen und ihn aufheben oder zur Seite schieben, ihn mit einem Stock anstoßen, er konnte einen zweiten Stein gegen ihn werfen, er konnte ein Loch vor dem Stein graben, sodass er hineinfiel, aber was immer er tat, musste sich räumlich von ihm zum Stein bewegen, um direkt auf ihn einwirken zu können. Früher hatte er geglaubt, dass dies auch für Licht gelten würde: Licht bewegte sich von der Lichtquelle weiter, deshalb konnte man es abschirmen und einen Schatten werfen, Licht durchquerte den Raum ähnlich wie ein Stein, wenn auch viel schneller, als jeder Stein geworfen werden konnte.

Doch nun hatte er gelernt, dass Licht aus Körnchen bestand, die miteinander verbunden sein konnten, und dass das, was mit einem Körnchen geschah, ein anderes beeinflussen konnte, ohne dass dabei irgendetwas den Raum zwischen ihnen durchqueren musste. Es schien nicht möglich zu sein, ein Lichtkörnchen als ein Objekt wie einen gewöhnlichen Stein zu betrachten – Lichtkörnchen, die weit voneinander entfernt waren, konnten trotzdem nur gemeinsam, gewissermaßen als ein verbundenes, vernetztes Objekt, beschrieben werden.

Es gab allerdings noch eine zweite Möglichkeit, aber diese war noch beunruhigender: Vielleicht entsprach nichts von dem, das er sich vorstellte, um Lichtkörnchen zu beschreiben, tatsächlich der Realität. Vielleicht waren seine Beschreibungen ähnlich wie die Bilder, die er gerade im Himmelsstein gesehen hatte – das Bild von Duuhrn, so echt es gewirkt hatte, war nicht Duuhrn gewesen, die Bilder, die ihn selbst zeigten, waren trotzdem nur Bilder gewesen. Mit seinem Verständnis der Lichtkörnchen mochte es genau so sein, die Welt war möglicherweise nicht wirklich Stein, sondern etwas unvorstellbar anderes, und alles, was er sich zum Verhalten von Lichtkörnchen überlegt hatte, beschrieb zwar das, was er sah, aber nicht die tatsächliche Realität. Dann war die Welt nicht Stein, sondern etwas anderes, etwas letztlich Unvorstellbares.

Die Bilder in diesem Raum des Himmelssteins hatten deutlich gezeigt, dass die Erbauer annahmen, dass alles sich so verhielt wie Lichtkörnchen; auch Gegenstände und selbst Sterne waren aus kleinen Teilchen, aus Körnchen aufgebaut, alles war Stein. T'lik'tik empfand es als zufriedenstellend, dass das Wissen der Steinlinge zumindest in dieser Hinsicht richtig gewesen war, die Welt verhielt sich einheitlich, Licht und Substanz waren sich im Kern ähnlich, auch er selbst bestand aus Körnchen, war Stein.

Sein neues Wissen stammte aber nicht allein von den Erbauern. Natürlich waren sie es, die ihn im Himmelsstein zu diesem Wissen geführt hatten, aber er musste ihnen nicht einfach vertrauen, so wie er früher den Weisen vertraut hatte, denn die Öffnungen des Himmelssteins hatten es ihm möglich gemacht, selbst Schlüsse zu ziehen und Erkenntnisse zu gewinnen.

Was würden die Weisen sagen, wenn er ihnen diese Überlegungen präsentierte? Würden sie in der Lage sein, ihn zu verstehen? T'lik'tik fürchtete, dass K'sul'kat seine Gedanken als zu neu und zu fremd abtun würde, dass es selbst P'luk'mut schwer fallen würde, seine Gedanken nachzuvollziehen. Er würde ihnen alles, was er gesehen hatte, so detailliert schildern, wie er nur konnte, aber er begann zu zweifeln, dass die Weisen erfassen konnte, wie er Schritt für Schritt, Raum für Raum und Öffnung für Öffnung Wissen über die Welt hinzugewonnen hatte. Auch D'pit'rag, die ihn oft ermuntert hatte, wenn er ein schwieriges Rätsel zu lösen versuchte, würde es nicht gefallen, dass er sich von den Gedanken der Weisen und ihren Lehrgedichten entfernt hatte, auch wenn sein neues Wissen zeigte, dass die Welt und alles in ihr Stein war.

Dieser Gedanke warf eine weitere Frage auf, ein weiteres Rätsel: Wenn er selbst Stein war, wenn er selbst aus vielen kleinen Körnchen bestand, die sich wie Lichtkörnchen verhielten, warum verhielt sich seine Wahrnehmung, seine Realität dann nicht so? Lichtkörnchen konnten sich so verhalten, als würden sie zwei Wege gleichzeitig gehen, aber für gewöhnliche Objekte wie Steine galt dies nicht. Wenn er einen Stock nahm und einen Stein von oben darauf fallen ließ, dann fiel der Stein entweder auf der einen oder der anderen Seite herunter. Kein Steinling hatte jemals etwas beobachtet, das sich verhielt, wie es Lichtkörnchen taten, das zwei Möglichkeiten hatte, etwas zu tun und bei dem diese beiden Möglichkeiten dann zusammenwirkten.

Wenn ein Lichtkörnchen an einem Teiler zwei Wege gehen konnte und am Ende jedes Weges befand sich ein Kasten, warum war es dann nicht so, dass am Ende beide Kästen jeweils zwei Möglichkeiten hatten? Der Kasten selbst bestand ebenfalls aus einer Form von Körnchen, jedes davon sollte sich verhalten können, wie die Lichtkörnchen es taten, bei jedem davon sollten mehrere Möglichkeiten zusammenwirken können, doch das geschah nicht. Für ihn selbst galt das Gleiche: Warum gab es keine Mischung aus zwei T'lik'tiks, von denen der eine den einen Kasten leuchten sah, der andere den anderen?

Wenn alles Stein war, alles aus Körnchen bestand, wie es die Lichtkörnchen waren, warum verhielt sich dann nicht alles in derselben Weise wie die Lichtkörnchen? Keine der Öffnungen im Himmelsstein hatte einen Hinweis darauf gegeben, was hier geschah, warum zwar einzelne Lichtkörnchen sich seltsam verhalten konnten, aber Kästen oder Steinlinge nicht. Hatten die Erbauer des Himmelssteins dieser

Frage keine Bedeutung beigemessen? Kannten sie die Antwort selbst nicht? Oder hatte er bei seinen Überlegungen etwas übersehen, hatten die Öffnungen eine Antwort auf diese Frage nahegelegt, die er übersehen hatte?

Während T'lik'tik noch über diese offenen Fragen nachdachte, spürte er plötzlich etwas Seltsames.

****

Langsam wurde das Licht in der Kammer wieder heller, aber sSsuuaSsaaWaSseaaNnaRree hatte kaum einen Sinn für ihre Umgebung. Wie viel Zeit war vergangen, seit sie begonnen hatte, die seltsamen Bilder zu betrachten?

Die Fähigkeit der Erbauer, Licht zu manipulieren, hatte sie wieder in Erstaunen versetzt – vollständige Bilder, die scheinbar aus dem Nichts erschienen, hatten sie trotz aller Erfahrungen im Monolithen verblüfft. Aber das, was sie in diesen Bildern gesehen hatte, hatte das Staunen über die Möglichkeit der Bilder selbst schnell verdrängt.

Eine gigantische Ansammlung von Sternen, von denen ihre Sonne anscheinend nur eine unter unzählig vielen war; der Monolith, selbst auch nur einer von Myriaden anderen, die sich durch diese Sternansammlung ausbreiteten und sich wie Lebewesen vermehrten; Welten, die andere Sterne umkreisten – all das hatte ihre Vorstellungen von der Welt gleichzeitig erweitert und erschüttert.

Eine weitere Sternansammlung enthielt Sterne, die in einem gigantischen Feuerball vergingen. Bis dahin waren die Bilder klar und realistisch gewesen, doch dann hatte sich dies geändert. Bildhafte Darstellungen zeigten etwas zwischen den Sternen, das den Tod der Sterne auszulösen schien, ähnlich wie Lichtpulse, aber doch anders. Sie war nicht in der Lage gewesen, alle diese Darstellungen wirklich zu verstehen, doch es schien, als hätten die Erbauer zwischen den vielen Himmelssteinen, die sie durch die Sternansammlung ausgesandt hatten, ähnliche Anordnungen aufgebaut wie in der letzten Kammer des Monolithen, mit unterschiedlichen Objekten, die in derselben mysteriösen Weise miteinander verbunden waren wie das Licht in diesem Aufbau.

War es so, dass die Erbauer des Monolithen genau das taten, was sie in der letzten Kammer überlegt hatte: Sie beobachteten etwas mit einer Art Licht, das sie selbst nicht direkt sehen konnten? Dieses Etwas konnte den Tod von Sternen verursachen, und die Erbauer versuchten, es zu beobachten? Warum taten sie das? Soweit sSsuuaSsaaWaSseaaNnaRree die Bilder verstanden hatte, gab es nichts, das die Erbauer gegen den Tod der Sterne tun konnten, trotzdem verfolgten sie, was immer es war, das hierfür verantwortlich war.

Nicht nur das, sie hatten auch Monolithen gebaut wie den, in dem sie sich befand, anscheinend, um anderen Wesen genau dieses Wissen auf eine umständliche und indirekte Art zu vermitteln – wie viel einfacher wäre es gewesen, wenn sie sich mit einem der Erbauer hätte mischen können! Dieses Wissen gaben sie aber nur dem preis, dem es gelang, die Wege von einer Kammer zur nächsten zu öffnen. Nur wer verstehen konnte, was in den Kammern geschah und wie das Licht in ihnen sich verhielt, durfte das Wissen über die Sterne und das, was unsichtbar zwischen ihnen lag, erlangen.

Was hatte sSsuuaSsaaWaSseaaNnaRree in den Kammern über die Welt und die Natur der Dinge darin erfahren?

Die Welt war Wasser. Davon war sie überzeugt gewesen, bevor sie den Himmelsstein betreten hatte, und davon war sie immer noch überzeugt. Doch während sie sich früher die Substanz, aus der alles bestehen musste, tatsächlich wie fließendes Wasser vorgestellt hatte, wusste sie nun, dass diese Vorstellung zu einfach war.

An einem Teiler konnte Licht aufgespalten werden wie eine Wasserwelle, die auf einen Stein traf und an beiden Seiten weiterlief. Sie selbst hatte mit ihren Versuchen herausgefunden, dass Licht wirklich wellenartig war, dass Licht, das durch zwei Öffnungen gehen konnte, beide Wege nahm, so dass sich die seltsamen und faszinierenden Muster bildeten, die sie gesehen hatte.

Wenn Licht an einem Teiler aufgespalten wurde, dann ging es beide Wege, die in komplizierter Weise zusammenwirken konnten. In dieser Hinsicht war es wie Wasser. Doch an einem Kasten konnte immer nur ein Lichtpuls angezeigt werden, niemals ein halber. Auch wenn Licht also wie ein Wasserstrom aufgespalten werden konnte, hatte es doch auch den Charakter von etwas klar Abgegrenztem und Unteilbarem. Das Wechselspiel zwischen den unterschiedlichen Wegen zeigte aber, dass Licht sich wie Wasser, wie eine Welle verhielt, auch wenn Lichtpulse unteilbar waren.

Wenn ein Lichtpuls an einem Kasten angezeigt wurde, dann war er wirklich an diesem Ort und konnte nicht am anderen Kasten sein. Die Welle, die sSsuuaSsaaWaSseaaNnaRree sich vorstellte, musste also am Ort des anderen Kastens plötzlich verschwinden.

Ähnlich dazu war das gewesen, was sie in den späteren Kammern gelernt hatte: Zwei Lichtpulse konnten sich auf entgegengesetzten Wegen befinden; trotzdem konnten sie in einer Weise miteinander verbunden sein, die dazu führte, dass die Richtung beider Lichtpulse immer dieselbe war. Auch hier gab es also eine seltsame Verbindung zwischen den Wellen, die dazu führte, dass das, was mit der einen Welle geschah, die andere beeinflusste.

Ihr einfaches Bild einer Welle, einer Welt, die Wasser war, hatte sich in drastischer Weise verändert, aber all ihre Gedanken und Erkenntnisse hatten auch sie selbst verändert, sie war gewachsen und von sSsuuaSsaaWaSsea zu sSsuuaSsaaWaSseaaNnaRree geworden, während sie die Kammern untersucht hatte.

Doch das Bild der Welt, das sie schließlich gewonnen hatte, war seltsam und verwirrend, so sehr, dass sSsuuaSsaaWa-

SseaaNnaRree sich fragte, ob die Welt wirklich so war, wie sie es herausgefunden zu haben glaubte. Was sie im Monolithen gesehen und was sie selbst herausgefunden hatte, schien zwar eindeutig zu sein, aber vielleicht war es nur ein Trug, ähnlich wie Lumiphoren ihrer Beute etwas vorgaukelten. Vielleicht war es möglich, dass die Welt selbst ganz anders war, als das Bild der komplizierten, miteinander verbundenen Wellen ihr suggerierte. Die Welt mochte unvorstellbar sein, und die Wellen, die sie sich vorstellte, beschrieben nicht etwas, das wirklich existierte, sondern nur ihr Wissen über die Welt und die Art, wie sie darüber nachdachte.

sSsuuaSsaaWaSseaaNnaRree überkam ein ungewöhnliches Gefühl, wie ein Tasten in ihrem Bewusstsein, so, als würde sich etwas mit ihr mischen wollen, das aber keine Rheomorphe war, sondern etwas anderes, Fremdes. Waren es die Erbauer, die auf diese Weise Kontakt mit ihr aufnahmen? Vermochten sie sich doch in ihrer eigenen Weise mit ihr zu vermischen? Das Tasten war sanft, vorsichtig, so als wolle, wer immer es aussandte, sie nicht erschrecken oder verängstigen. sSsuuaSsaaWaSseaaNnaRree spürte allerdings keine Angst, sondern Neugierde und versuchte, sich dem seltsamen Gefühl zu öffnen. Was mochte sich dahinter verbergen?

Quantenmechanik und Realität

Auszug aus einem Science-News-Network-Interview mit Takumi Mitarashi, Leiter des PALADIN*-Projekts, 4.8.2119*

SNN: Objekte wie Photonen können also in einem Überlagerungszustand sein, beispielsweise in einer Überlagerung aus den Zuständen reflektiert und durchgelassen. Das gilt aber ja nicht für Objekte wie Detektoren. Wenn wir das Photon messen, dann ist es entweder an einem Detektor oder am anderen. Warum kann nicht auch ein Detektor in einem Überlagerungszustand sein?

Takumi Mitarashi: Das ist eine sehr gute Frage. Wir hatten ja schon vor einiger Zeit darüber gesprochen, dass zum Beispiel eine Münze nicht in einer Überlagerung aus Kopf und Zahl beobachtet wird. Sie kennen vielleicht das Bild von Schrödingers Katze. In diesem Gedankenexperiment sitzt eine Katze in einer geschlossenen Kiste. Abhängig von einem Quantenereignis, beispielsweise dem Zerfall eines radioaktiven Atoms, wird ein Giftgas freigesetzt oder auch nicht. Ist die Katze dann in einer Überlagerung aus den beiden Zuständen lebendig und tot, bevor Sie die Kiste öffnen? Wenn Sie die Kiste öffnen, sind Sie dann in einem Überlagerungszustand aus den beiden Zuständen lebendige Katze gesehen und tote Katze gesehen? Das widerspricht natürlich unserer Alltagserfahrung.

Tatsächlich sind es zwei Fragen, die sich hier stellen, die aber eng zusammenhängen. Zum einen ist es die Frage, warum wir ein makroskopisches Objekt nie in einem Überlagerungszustand sehen, sondern immer in einem eindeutigen Zustand. Zum anderen müssen wir uns auch fragen, welche eindeutigen Zustände dies sind.

Nehmen wir als Beispiel wieder das Photon am Strahlteiler. Wir nutzen einen Detektor mit einem Zeiger, der ausschlägt, wenn das Photon detektiert wird. Wir beobachten dann den Zeiger entweder in der einen oder in der anderen Position. Mathematisch zeichnet diese Zustände, in denen die Position eindeutig ist, nichts aus gegenüber einem Überlagerungszustand aus zwei unterschiedlichen Positionen.

Dass wir trotzdem nur Zustände mit einer bestimmten Position sehen, lässt sich durch etwas erklären, das wir Dekohärenz nennen. Der Zeiger ist kein isoliertes Objekt, sondern in ständiger Wechselwirkung mit der Umgebung. Moleküle der Luft treffen auf den Zeiger und prallen von ihm ab, Photonen werden von ihm absorbiert oder reflektiert.

Der Zustand des Zeigers wird dadurch mit den Zuständen all dieser Luftmoleküle und Photonen quantenmechanisch verschränkt.

SNN: Das ergibt dann einen unglaublich komplizierten Quantenzustand, oder nicht? Wir können das doch niemals messen?

Takumi Mitarashi: Das ist richtig, und das ist letztlich auch der Grund, warum wir solche Überlagerungszustände nicht beobachten werden. Es ist schwer, sich anschaulich vorzustellen, wie ein solcher Zustand für uns aussehen würde, eben weil wir ihn nie beobachten, aber Sie können sich beispielsweise vorstellen, dass wir die Überlagerung aus den beiden Zeigerpositionen nutzen können, um zum Beispiel Interferenzeffekte zu beobachten, ähnlich wie beim Doppelspaltexperiment. Dort war das Photon in einer Überlagerung aus den beiden Spaltpositionen, was schließlich zum Interferenzmuster führte.

Wenn wir eine Interferenz zwischen den beiden Zeigerzuständen beobachten wollen, dann geht das nur, wenn diese nicht mit anderen Objekten verschränkt sind. Sobald die Zeiger mit Molekülen der Luft wechselwirken, sind diese ebenfalls in unterschiedlichen Zuständen, wir haben jetzt eine komplizierte Verschränkung zwischen dem Zustand des Zeigers und dem der Luftmoleküle. Um Interferenzphänomene zu sehen, müsste unser Experiment nicht nur den Zeiger umfassen, sondern auch alle Luftmoleküle in genau kontrollierter Weise miteinander interferieren lassen, und das ist für alle praktischen Zwecke unmöglich. Das ist der Grund, warum wir an makroskopischen Objekten keine Quanteneffekte wie Interferenz beobachten.

Es ist also nicht so, dass die Quanteneffekte verschwinden, wenn wir es mit makroskopischen Zuständen zu tun haben; sie sind nur nicht beobachtbar, weil jedes Objekt mit extrem vielen anderen verschränkt ist. Zustände, die interferieren können, nennt man auch kohärent. Die Verschränkung mit der Umwelt sorgt also dafür, dass diese Kohärenz verloren geht, deshalb sprechen wir von Dekohärenz.

SNN: Und was ist jetzt das Besondere an einem Zustand, wo der Zeiger eine eindeutige Position hat?

Takumi Mitarashi: Die Wechselwirkung mit Molekülen, Photonen und so weiter hängt ja genau vom Ort des Zeigers ab. Ein Molekül prallt vom Zeiger hier ab oder dort. Ein Zustand, in dem die Position des Zeigers eindeutig ist, ist damit sozusagen stabil, die Wechselwirkungen mit der Umgebung ändern ihn nicht, sie mitteln sich gewissermaßen heraus. Das erklärt, warum wir nur bestimmte Zustände sehen; für makroskopische Objekte sind dies gerade Zustände mit einer genau bestimmten Position.

SNN: Ich möchte trotzdem noch einmal auf den Anfangszustand zurückkommen. Nehmen wir an, unser Zeiger ist anfänglich in einer Überlagerung aus zwei unterschiedlichen Positionen. Was genau passiert jetzt, damit sich am Ende eine eindeutige Position ergibt?

Takumi Mitarashi: Durch die Wechselwirkung mit der Umgebung verschränkt sich der Zustand des Zeigers zunehmend mit dem der Umwelt. Es entsteht ein extrem komplizierter Überlagerungszustand. Die Wechselwirkung mit der Umwelt führt dazu, dass dieser Überlagerungszustand sinnvoll als eine Überlagerung aus zwei unterschiedlichen Positionen betrachtet werden kann, weil diese Positionszustände stabil sind.

SNN: Aber es ist immer noch ein Überlagerungszustand.

Takumi Mitarashi: Richtig, aber nur, wenn wir den Zustand als Ganzes, einschließlich aller Moleküle und Photonen der Umwelt betrachten. Das ist aber letztlich unmöglich. Betrachten wir nur den Zeiger für sich, dann sieht es anders aus. Die beiden Positionszustände können beispielsweise nicht mehr interferieren, dazu müssten wir ja in unser Experiment den Zustand der gesamten Umgebung kontrolliert mit einbeziehen. Aus einem anfänglichen Überlagerungszustand des Zeigers ist jetzt also etwas anderes geworden – der Zeiger selbst ist mit 50 % Wahrscheinlichkeit in einem Zustand, mit 50 % Wahrscheinlichkeit im anderen.

Wenn Sie so wollen, ist aus unserer quantenmechanischen Wahrscheinlichkeitsamplitude damit eine ganz klassische Wahrscheinlichkeit geworden.

SNN: Das beantwortet die eine der beiden Teilfragen – wir sehen Objekte in Zuständen mit eindeutiger Position, weil die Wechselwirkung mit der Umwelt solche Zustände auszeichnet, weil diese Zustände sozusagen durch die Wechselwirkung mit der Umwelt klar unterschieden werden.

Takumi Mitarashi: Das haben Sie sehr prägnant ausgedrückt.

SNN: Aber die zweite Frage ist immer noch nicht beantwortet. Gut, aus einer Wahrscheinlichkeitsamplitude ist eine Wahrscheinlichkeit geworden, ähnlich wie bei einem Würfelwurf. Aber wir beobachten in der Natur keine Wahrscheinlichkeiten. Wenn wir ein Experiment machen, dann ist der Zeiger entweder hier oder da. Wie kann aus einer Situation, in der wir mit einer Überlagerung anfangen, die zwei gleichberechtigte Möglichkeiten besitzt, ein eindeutiges Ergebnis werden?

Takumi Mitarashi: Die Antwort lautet: Wir wissen es nicht. Wir wissen, wie wir das Verhalten von Licht und Materie so *beschreiben* können, dass wir das, was wir beobachten, korrekt vorhersagen können. Im Fall des Photons ist es zunächst in einem Überlagerungszustand; wenn es einen Detektor erreicht, dann beobachten wir entweder den einen Zustand des Zeigers oder den anderen.

SNN: Das ist das, was Sie Kollaps der Wellenfunktion genannt haben.

Takumi Mitarashi: Genau. Die Dekohärenz lässt uns verstehen, wieso wir bestimmte Zeigerzustände makroskopisch beobachten können und andere nicht. Sie lässt uns letztlich auch verstehen, wie aus quantenmechanischen Wahrscheinlichkeitsamplituden gewöhnliche Wahrscheinlichkeiten werden, weil wir unsere Unkenntnis der Verschränkung mit der Umwelt berücksichtigen müssen. Was aber tatsächlich passiert, wenn wir eindeutig einen Zustand beobachten, wie also aus einer Wahrscheinlichkeit ein bestimmter Zustand entsteht, wissen wir nicht.

Die entscheidende Frage hier ist, wann wir einen Prozess als Messung bezeichnen können. Stellen Sie sich vor, Sie wären in der Lage, ein einzelnes Photon wahrzunehmen. Sie positionieren sich hinter einem Strahlteiler, sodass die Wahrscheinlichkeit, dass Sie das Photon sehen, 50 % beträgt. Das Photon ist in einem Überlagerungszustand, trifft auf Ihr Auge, wechselwirkt mit einem Molekül in Ihrem Auge, das das Photon detektiert und jetzt ebenfalls in einem Überlagerungszustand ist. Dieses reizt einen Nerv, der ein Signal an Ihr Gehirn überträgt. Sie nehmen das Photon jetzt entweder wahr oder eben nicht.

An irgendeinem Punkt dieses Prozesses muss das stattfinden, was wir als Messung bezeichnen, irgendwann ist der Punkt erreicht, wo aus einer Wahrscheinlichkeit eine Gewissheit wird, aber wann und wie genau dies passiert, wissen wir nicht.

Worüber wir damit reden, sind die Interpretationen der Quantenmechanik, die Frage, was uns die Quantenmechanik über die Wirklichkeit sagt.

Eine Möglichkeit der Interpretation ist die sogenannte Viele-Welten-Theorie. In dieser beschreiben wir das Photon, die Moleküle und Nervenzellen und Ihr Gehirn mit einer einzigen Wellenfunktion, sozusagen einer Wellenfunktion, die das ganze Universum umfasst. Die Dekohärenz sagt uns jetzt, dass diese Wellenfunktion sich so entwickeln wird, dass sie zwei Teile enthält, einen, in dem Sie das Photon gesehen haben, einen zweiten, in dem Sie es nicht gesehen haben.

SNN: Aber ich beobachte doch entweder das eine oder das andere.

Takumi Mitarashi: Genau das wird in der Viele-Welten-Theorie abgelehnt. In dieser Theorie entwickelt sich die Wellenfunktion des Universums weiter, sie enthält am Ende einen Teil, in dem Sie das Photon gesehen haben, einen anderen, in dem Sie es nicht gesehen haben. Wegen der Dekohärenz können diese beiden Teile der Wellenfunktion nicht mehr miteinander interferieren, sie entwickeln sich also vollkommen unabhängig voneinander.

Es ist gewissermaßen so, als hätte sich das Universum in zwei unterschiedliche Universen aufgespalten, eines für jede der beiden Möglichkeiten. Genau deswegen spricht man von vielen Welten.

SNN: Es gibt also zwei Versionen von mir, für jede der beiden Möglichkeiten eine. Wenn ich es richtig sehe, gibt es dann auch keinen Kollaps der Wellenfunktion mehr, die Wellenfunktion entwickelt sich einfach weiter.

Takumi Mitarashi: Richtig, und das ist auch genau der Grund, warum diese Idee vielen so attraktiv erscheint. Sie hat allerdings auch ihre Probleme. Nehmen Sie an, diese Theorie sei richtig. Was ist die Wahrscheinlichkeit, dass Sie das Photon sehen?

SNN: Die Wahrscheinlichkeit ist doch genau 50 %, oder nicht? Warten Sie – wenn sich das Universum aufspaltet und beide Möglichkeiten realisiert werden, dann ist es ja sicher, dass ich das Photon sehe, jedenfalls in einem der beiden Universen, und es ist genauso sicher, dass ich es nicht sehe.

Takumi Mitarashi: In der Tat. Das ist ein konzeptionelles Problem dieser Theorie – es ist in dieser Theorie nicht ohne weiteres möglich, klar zu definieren, was wir meinen, wenn wir von der Wahrscheinlichkeit eines Ereignisses reden, weil alle denkbaren Ereignisse ja mit Sicherheit eintreten, nur eben in unterschiedlichen Kopien des Universums. Damit man trotzdem sinnvoll von Wahrscheinlichkeiten reden kann, muss man versuchen, die Wahrscheinlichkeiten immer sozusagen innerhalb eines Universums vor der Aufspaltung zu betrachten – aber dann steht man letztlich wieder vor demselben Problem des Kollapses der Wellenfunktion. Sie kollabiert zwar nicht, wenn man das Universum als Ganzes betrachtet, aber für den einzelnen Beobachter effektiv gesehen schon.

SNN: Wenn ich Sie richtig verstehe, gibt es aber auch andere Interpretationen?

Takumi Mitarashi: Richtig.

Diese Interpretationen lassen sich danach einteilen, welchen Status sie der Wellenfunktion geben. Es gibt hier, einfach erklärt, zwei unterschiedliche Ansichten: Die einen gehen davon aus, dass es tatsächlich eine Entsprechung zwischen der Wellenfunktion und der Realität gibt, dass es also Objekte gibt, die sich genau so verhalten, wie es die Wellenfunktion beschreibt. Die Viele-Welten-Theorie fällt in diese Kategorie, denn ihre universale Wellenfunktion beschreibt ja letztlich das ganze Universum.

Man nennt diese Sichtweise auch psi-ontisch. Ontisch deshalb, weil sie davon ausgeht, dass es tatsächlich etwas Reales gibt, das der Wellenfunktion entspricht; die Vorsilbe psi wird verwendet, weil die Wellenfunktion meist mit dem griechischen Buchstaben psi bezeichnet wird.

Die Viele-Welten-Theorie ist insofern besonders, weil sie zwar psi-ontisch ist, aber trotzdem keinen Kollaps der Wellenfunktion beinhaltet. Es gibt andere Interpretationen, die annehmen, dass sich tatsächlich etwas in der Realität ändert, wenn wir eine Messung machen. Wenn in unserer Beschreibung die Wellenfunktion kollabiert, dann ist dies ein tatsächlicher physikalischer Prozess. Solche Interpretationen gehen oft über die anerkannten Gleichungen der Quantenmechanik hinaus und fügen zusätzliche Aspekte ein.

Die andere Ansicht ist die, dass die Wellenfunktion nicht wirklich die Realität beschreibt, sondern unser Wissen über die Realität. Diese Sichtweise nennt sich psi-epistemisch. In dieser Sichtweise ist die Realität sozusagen immer eindeutig festgelegt, aber unsere Kenntnis der Realität ist notwendigerweise unvollständig, es ist unmöglich, die Realität tatsächlich zu kennen. Wenn wir Messungen machen, ändert sich das, was wir über die Realität wissen, deshalb passen wir unsere Beschreibung der Welt unserem geänderten Wissen an. Die Wellenfunktion beschreibt unser Wissen über die Realität und ändert sich deshalb bei einer Messung, weil wir etwas über die Welt erfahren haben.

Die am häufigsten vertretene Interpretation der Quantenmechanik, die Kopenhagener Deutung, fällt eher in diese Kategorie. Ich sage „eher", weil es verschiedene Spielarten dieser Interpretation gibt. Niels Bohr, der sie begründet hat, sagte „Es gibt keine Quantenwelt. Es gibt nur die abstrakte physikalische Beschreibung. Es ist ein Irrtum zu glauben, Aufgabe der Physik sei es herauszufinden, wie die Natur ist. Die Physik befasst sich damit, was wir über die Natur sagen können."

SNN: Und was glauben Sie selbst?

Takumi Mitarashi: Ganz ehrlich? Ich weiß es nicht.

Anzunehmen, dass die Messung tatsächlich ein physikalischer Prozess ist, der den Zustand der Welt wirklich verändert, ist schwierig.

Ich hatte ja eben schon erläutert, dass wir durch Experimente nachweisen können, dass die korrekte Beschreibung der Welt nicht gleichzeitig lokal und realistisch sein kann. Wenn wir also annehmen, dass die Wellenfunktion tatsächlich die Realität beschreibt, dann müssen wir akzeptieren, dass das, was an einem Punkt im Raum passiert, die Wellenfunktion instantan an einem weit entfernten Punkt beeinflussen kann, beispielsweise beim Kollaps.

SNN: Aber es gibt doch keine Überlichtgeschwindigkeit.

Takumi Mitarashi: Das ist so nicht ganz richtig – man kann laut Relativitätstheorie keine Signale mit Überlichtgeschwindigkeit senden, das ist wahr. Aber beim Kollaps der Wellenfunktion verändert sich zwar der Zustand, aber niemals in einer Weise, die man ausnutzen kann, um Signale zu senden, das haben wir ja schon diskutiert. Insofern wird die Relativitätstheorie durch diese Sichtweise nicht verletzt.

Trotzdem macht die Relativitätstheorie das Konzept eines Kollapses der Wellenfunktion problematisch. Laut der Relativitätstheorie ist die Zeit ja relativ, und unterschiedliche Beobachter messen nicht dieselbe Reihenfolge von Ereignissen an unterschiedlichen Orten. Nehmen wir als Beispiel ein Photon, das senkrecht auf einen Strahlteiler trifft, sodass es entweder reflektiert oder durchgelassen wird. Auf beiden Seiten des Strahlteilers befindet sich ein Detektor. Nehmen wir außerdem an, der eine Detektor stünde etwas dichter am Strahlteiler als der andere (Abb. 10.1).

Wenn wir sagen, dass die Wellenfunktion die physikalische Wirklichkeit beschreibt, dann wird der Kollaps der Wellenfunktion ausgelöst, wenn das Photon an diesem Detektor gemessen oder nicht gemessen wird, weil es ihn zuerst erreicht.

SNN: Das erscheint mir sehr offensichtlich.

Takumi Mitarashi: Das Problem ist aber, dass wir wissen, dass ein schnell bewegter Beobachter, der mit einem Raumschiff an diesem Versuchsaufbau vorbeifliegt, eine andere Reihenfolge der Ereignisse sieht: Für diesen Beobachter erreicht das Photon zuerst den anderen Detektor, es müsste also dieser Prozess sein, der den Kollaps der Wellenfunktion verursacht.

In diesem Fall können wir somit nicht sagen, welche der beiden Messungen es war, die die Wellenfunktion verändert hat. Theorien, die annehmen, dass der Messprozess den Zustand der Welt tatsächlich verändert, müssen hier eine Lösung finden, beispielsweise indem sie eine der Sichtweisen auszeichnen.

SNN: Nichtlokalität und die Schwierigkeit, eindeutig festzulegen, wann der Kollaps stattfindet, sprächen also Ihrer Ansicht nach für die psi-epistemische Sichtweise?

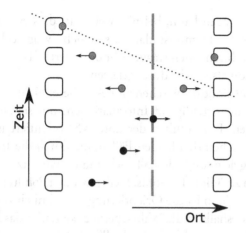

Abb. 10.1 Kollaps der Wellenfunktion. Ein Photon trifft senkrecht auf einen Strahlteiler und kann durchgelassen oder reflektiert werden. Die vertikale Achse ist die Zeitachse, die horizontale Achse gibt den Ort an. Aus der Sicht des Labors sind alle Ereignisse auf einer horizontalen Linie gleichzeitig, das Photon erreicht den rechten Detektor zuerst. Aus der Sicht eines Beobachters, der sich mit hoher Geschwindigkeit am Labor vorbeibewegt, sind Ereignisse gleichzeitig, die auf der gepunkteten Linie liegen. Aus dieser Sicht trifft das Photon zuerst auf den linken Detektor. Es ist deshalb nicht eindeutig möglich zu sagen, welcher Detektor den Kollaps der Wellenfunktion ausgelöst hat

Takumi Mitarashi: Ja. Auf der anderen Seite erscheint mir die Annahme, dass wir lediglich über unser Wissen über die Welt reden, auch problematisch. Die Quantenmechanik erlaubt uns exzellente Vorhersagen von Experimenten, wir können mit ihr das, was wir beobachten, sehr gut beschreiben. Dass die Elemente unserer Beschreibung trotzdem keinerlei direkte Entsprechung in der realen Welt haben sollen, finde ich auch schwer vorstellbar.

Es gibt noch eine etwas andere Betrachtungsweise, die auf dem Begriff der Information beruht. Betrachten Sie ein einzelnes Photon, dann können Sie zum Beispiel sagen, dass dieses Photon nur eine einzige Information über seine Polarisation tragen kann, beispielsweise die, dass es senkrecht polarisiert ist. Damit ist klar, dass es nicht waagerecht polarisiert ist, durch einen waagerecht orientierten Polfilter wird das Photon also nicht durchgelassen.

Für Zustände dazwischen gibt es in dieser Sichtweise aber schlicht nicht genügend Informationen, um sie eindeutig festzulegen. Ein Polfilter, der unter 45° orientiert ist, liegt genau zwischen den beiden Fällen, die durch die Information festgelegt sind, deshalb bekommen wir jetzt ein vollkommen zufälliges Ergebnis. Stellen wir den Polfilter nahezu senkrecht, dann ist die Orientierung sehr ähnlich zur Senkrechten, deshalb ist die Wahrscheinlichkeit, dass das Photon durchgelassen wird, sehr hoch. Wir haben sozusagen eine einigermaßen verlässliche Information, aber keine absolute Sicherheit.

Ein einzelnes Photon hat für seine Polarisation also nur eine Informationseinheit zur Verfügung, ein quantenmechanisches Bit oder kurz Qubit. Für bestimmte Messungen legt dieses Qubit eindeutig fest, was passiert – das senkrecht polarisierte Photon wird durch einen senkrecht orientierten Filter immer durchgelassen, durch einen waagerecht orientierten immer absorbiert. Für alle anderen Orientierungen ist das Ergebnis zufällig und die Wahrscheinlichkeit dafür, dass das Photon durchgelassen wird, hängt davon ab, wie dicht die Orientierung an einer der beiden eindeutig festgelegten Situationen ist.

Wenn Sie zwei Photonen betrachten, können Sie dann zwei Informationseinheiten festlegen, aber nicht mehr. Sie können natürlich schlicht für jedes der beiden getrennt sagen, dass es beispielsweise senkrecht oder waagerecht polarisiert ist. Sie können die Photonen aber auch verschränken und festlegen, dass Sie für beide Photonen immer dasselbe messen, wenn die Polfilter senkrecht oder waagerecht stehen. Das ist dann ein Qubit. Als Zweites können Sie festlegen, was passiert, wenn die Polfilter auf +45° oder −45° stehen. Die beiden Photonen können in diesem Fall ebenfalls immer gleich orientiert sein. Das ist der Fall, den wir auch im Paladin-Projekt realisiert haben. Oder die Photonen können bei einem Polfilter bei 45° immer entgegengesetzt orientiert sein.

Insgesamt sind das damit zwei Qubits an Information, mehr ist nicht möglich. Deshalb ist es nicht mehr möglich, festzulegen, welche Polarisation Sie messen, dafür ist sozusagen einfach nicht mehr genügend Information verfügbar, sodass der Zufall entscheidet.

Man kann auf Basis dieser Ideen versuchen, die Quantenmechanik neu zu formulieren als Theorie der Quanteninformation, um auf diese Weise besser zu verstehen, was eigentlich der Kern der Theorie ist und warum sie uns so seltsam erscheint. Diese Idee ist damit psi-epistemisch, aber in einer besonderen Weise, weil sie Information selbst zu einem fundamentalen Begriff der Naturbeschreibung erhebt.

SNN: Das Konzept erscheint mir allerdings sehr abstrakt – Information ist ja immer in irgendeiner Weise an etwas gebunden, sie hat immer eine materielle Basis, beispielsweise Buchstaben in einem Buch oder elektrische Signale in einem Computer. Dass Information selbst eine eigenständige Existenz hat, finde ich zumindest schwer vorstellbar.

Takumi Mitarashi: Das ist natürlich richtig. Auf der anderen Seite zeigt uns das Problem mit der Interpretation der Wellenfunktion, dass unser Verständnis von dem, was Materie tatsächlich ausmacht, problematisch ist. Alles, was wir über die Wirklichkeit wissen können, lässt sich durch die Informationen beschreiben, die wir über sie gewinnen können. Dass und wie wir Materie wahrnehmen, ist ja ebenfalls durch diese Informationen bestimmt. Insofern ist es schon denkbar, dass sich die Wirklichkeit am besten beschreiben lässt, wenn wir direkt das Konzept Information zur Basis unserer Beschreibung machen, statt ein aus der Information abgeleitetes Konzept wie Materie.

Ein ganz anderer Ansatz, der die meisten konzeptionellen Probleme vermeidet, ist der sogenannte Superdeterminismus. Wenn Sie noch einmal unsere Überlegungen zum EPR-Paradoxon ansehen, dann sehen Sie, dass wir dort implizit eine Annahme gemacht haben, nämlich die, dass die Position unseres Polfilters und der Zustand der ausgesandten Photonen sich nicht gegenseitig beeinflussen, sondern unabhängig voneinander sind. Tatsächlich wissen wir aber ja, dass im Universum alle Teile zueinander in Beziehung stehen. Wir haben das beispielsweise bei der Kohärenz gesehen, wo sich die Quanteneigenschaften eines Photons auf die Eigenschaften der gesamten Umgebung auswirken. Man kann deshalb überlegen, ob die Annahme, dass wir unsere Detektoren in beliebiger Weise einstellen können und dass dies keinen Einfluss auf die gemessenen Photonen hat, wirklich korrekt sein muss. In dieser Sichtweise sind Photonen nie unabhängig von einem Detektor, und das führt dazu, dass bestimmte Ergebnisse einer Detektormessung schlicht nicht auftreten können.

SNN: Ist das dann eine psi-ontische Theorie, bei der die Wellenfunktion eine Entsprechung in der Realität hat?

Takumi Mitarashi: Nein. Dass wir die Welt mithilfe der Wellenfunktion beschreiben, ist in diesem Ansatz nur eine Näherung. Es wird angenommen, dass die zugrunde liegende Theorie deterministisch ist. Die letztlich statistische Beschreibung mit einer Wellenfunktion ist dagegen nur etwas, das wir wegen unserer Unkenntnis der dahinterliegenden Gesetze verwenden, so ähnlich wie die Wahrscheinlichkeit, die Sie einem Münzwurf zuschreiben, auch nichts Fundamentales ist, denn wenn Sie alle Bedingungen kennen würden, denen die Münze unterliegt, könnten Sie ihre Bewegung ja perfekt vorhersagen.

Denken Sie noch einmal an das EPR-Paradoxon. Die Annahme, dass die verschränkten Photonen mit einer bestimmten Orientierung ausgesandt werden, führte zu einem

Widerspruch, weil wir auch angenommen haben, dass wir die Polfilter beispielsweise unter einem Winkel von 45° dazu einstellen können. Im Superdeterminismus nimmt man an, dass genau so etwas schlicht nicht möglich ist: Wenn die Polfilter unter 45° stehen, dann werden die Photonen auch eindeutig mit einer dazu passenden Orientierung ausgesandt, oder umgekehrt ausgedrückt, wenn die Photonen unter 45° stehen, dann müssen auch die Polfilter passend dazu orientiert sein, es ist schlicht nicht möglich, sie anders einzustellen.

SNN: Es gibt also eine grundlegende Theorie, die genau beschreibt und vorhersagt, was im Universum passiert, und diese Theorie führt dazu, dass wir bei Experimenten wie denen zur Verschränkung von Photonen scheinbar instantane Fernwirkungen beobachten, weil die Einstellung unserer Detektoren und die Eigenschaften der gemessenen Photonen miteinander gekoppelt sind.

Das klingt ein bisschen so, als hätte sich das Universum gegen uns verschworen.

Takumi Mitarashi: Ja, das ist etwas, das von Kritikern der Idee so gesehen wird. Der Zustand, in dem sich die Photonen befinden, ist nicht unabhängig von der Stellung unserer Detektoren, deshalb gilt beispielsweise die Bell'sche Ungleichung nicht. Das klingt auf den ersten Blick absurd: Man kann in Experimenten beispielsweise die Detektoren so konstruieren, dass ihre Stellung durch Photonen bestimmt wird, die von fernen Galaxien kommen. Ein kausaler Mechanismus, der einen Zusammenhang zwischen den Detektoren und den Photonen bedingt, müsste damit Millionen Jahre in der Vergangenheit begründet sein und aus den Bedingungen, die damals vorlagen, müsste genau die Kombination aus Photonzustand und Detektorstellung folgen, die heute vorliegt. Insofern ist schwer vorstellbar, wie genau ein solcher deterministischer Prozess funktionieren soll.

Ausschließen sollte man die Idee deshalb aber nicht. Es ist zwar schwer vorstellbar, aber eben nicht unmöglich, dass die gemeinsame Vergangenheit der Photonen, die einen Messaufbau bilden, und der Photonen, die gemessen werden, in irgendeiner Weise die Korrelationen verursachen, die wir beobachten. Der Superdeterminismus hat den großen Vorteil, dass er kein Problem mit Dingen wie dem Kollaps der Wellenfunktion oder dem Zufall in der Quantenmechanik hat; diese sind letztlich nur Phänomene, die durch fundamentalere Prozesse verursacht werden.

SNN: Ich finde es nicht einfach, bei so vielen Interpretationen den Überblick zu behalten.

Takumi Mitarashi: Das ist es auch nicht. Ich habe hier auch nur einige der grundlegenden Ideen skizziert, es gibt noch deutlich mehr.

SNN: Ist es nicht ohnehin seltsam, dass eine physikalische Theorie derart unterschiedliche Möglichkeiten der Interpretation besitzt?

Takumi Mitarashi: Auf jeden Fall. Es gibt auch andere physikalische Theorien, bei denen Sie die Gleichungen in unterschiedlicher Weise interpretieren können; in der Allgemeinen Relativitätstheorie können Sie beispielsweise von einer gekrümmten Raumzeit reden, man kann die Theorie aber auch als eine Theorie des Schwerefelds interpretieren, dessen Wechselwirkung mit der Materie dasselbe Ergebnis liefert. Hier ist also unklar, was uns die Theorie genau über das Wesen von Raum und Zeit sagt.

Trotzdem hat die Quantenmechanik natürlich noch einmal eine andere Qualität, weil sie unser Verständnis dessen, was real ist, infrage stellt.

SNN: Und welcher Interpretation hängen Sie an?

Takumi Mitarashi: Letztlich keiner. Vielleicht wird es eines Tages neue Erkenntnisse geben, die uns erlauben, zwischen unterschiedlichen Interpretationen zu unterscheiden. Bis dahin bleibe ich bei dieser Frage – wie vermutlich viele andere auch – agnostisch. Es ist in der Wissenschaft kein Zeichen von Schwäche, eine Frage mit „Ich weiß es nicht" zu beantworten, im Gegenteil.

Eins ist aber sicher: Die Quantenmechanik sagt uns, dass ˙die Realität nicht so ist, wie wir sie uns naiverweise vorstellen.

11

Kontakt

Die Welt war die Welt. Natürlich war sie das.

Träge, aber beharrlich strömten Ch'kuls Gedanken, während sie in Kriechzeit zwischen den Sternen wandelte, Materie sammelnd, verdichtend, ausstoßend, in stetiger, scheinbar endloser Wiederholung. Ruhig flossen sie dahin, Erkenntnis suchend, nachdenkend über die Welt, wie sie sich ihr darstellte, wie sie zu sein schien, wie sie tatsächlich war. Wesen wie sie schienen sich an einem Ort zu befinden, schienen im Raum, in der Zeit zu existieren, mit klaren Begrenzungen. Wesen wie sie nahmen Sinnesreize wahr, mehr von nahen Objekten als von weit entfernten, interagierten mit nahen Objekten anders als mit entfernten. Der Raum, die Zeit waren Konzepte, die Aspekte der Welt widerspiegelten, aber nicht mehr. Sie waren auch ein Gefängnis, ein konzeptionelles Gefängnis, die Vorstellung, Raum, Zeit, Materie, Bewusstsein seien getrennt, war einfach, naheliegend, verlockend. Das wahre Wesen der Welt aber war unteilbar, verwoben, vereint. Die Welt war die Welt.

© Der/die Autor(en), exklusiv lizenziert an Springer-Verlag GmbH, DE, **217**
ein Teil von Springer Nature 2023
M. Bäker, *Das Quantenrätsel*,
https://doi.org/10.1007/978-3-662-67299-0_11

Lange trieb Ch'kul so dahin, durch die Leere zwischen den Sternen, wandernd, sammelnd, denkend. Sie näherte sich schließlich einer weißen Sonne, von sieben Planeten umgeben, änderte ihre Richtung, um dort höherwertige Materie zu sammeln, sich an ihr zu nähren. Ch'kul erweiterte die Feldlinien ihrer Sinne, intensivierte sie, richtete sie aus, die Materie des Sonnensystems erkundend. Da war etwas Ungewöhnliches, eine Veränderung, nicht von der Materie des Systems stammend, ausgelöst durch ein Objekt, das sich dem Sonnensystem rasend schnell näherte. Ein Objekt, das seine Geschwindigkeit rapide verringerte, dazu Materie ausstieß, drohend, Teile von ihr in Unordnung zu bringen, zu verwirbeln, zu stören oder zu zerstören.

Sie wechselte in Aktionszeit, verdichtete die Materie, die das bildete, was andere Wesen als ihren Körper bezeichnet hätten, erhöhte ihren Zusammenhalt. Sie umfloss das langsam nahende Objekt, richtete ihre Sinne darauf. Es war regelmäßig geformt, schien aus mehreren Teilen zu bestehen. Ch'kul hatte auf ihrem Weg durch die Galaxis zahlreiche Wesen beobachtet, von denen einige Objekte außerhalb ihrer selbst schufen, im Versuch, sich vom Gefängnis ihrer planetengebundenen Existenz zu befreien. Doch selbst die Erbauer der gigantischen Weltenschiffe von Zhyr, die sie vor langer Zeit beobachtet hatte, waren letztlich dazu verurteilt, die gewohnte Planetenumgebung mit sich zu nehmen, ein Wesen wie sie selbst, das frei durch die Galaxis streifte, war ihr bisher nicht begegnet.

Dieses Objekt aber war ungewöhnlich. Ein zentraler Körper schien als Antriebseinheit zu dienen, daran waren einige weitere kleinere Körper befestigt. Je länger sie sich mit dem Raumschiff beschäftigte, desto faszinierter war Ch'kul von seiner Komplexität. Neben Antrieb, neben Steuerung besaß es große Räume, in denen es Material sammeln, verarbeiten konnte, in einer Weise aufgebaut, die darauf hindeutete, dass das Raumschiff sich selbst reproduzieren konnte. Eine

Vielzahl kleinerer Fahrzeuge konnte sich anscheinend ab-
spalten, eigenständig ein Sonnensystem erkunden, Material
sammeln.

Die Funktion dieser Fahrzeuge zu ergründen, fiel ihr nicht
schwer. Doch zwei weitere Objekte widersetzten sich zunächst ihrem Versuch, sie zu verstehen. Sie verstärkte ihre
Sinnesfelder, um tiefer in sie einzudringen, ihren Aufbau zu
ergründen. Eines diente anscheinend dazu, Signale auszusenden, zu empfangen, vielleicht zum Austausch zwischen
unterschiedlichen Raumschiffen. Ähnliches hatte sie bereits
bei anderen Planeten beobachtet, doch hier war etwas anders: Die Technik der Sonde diente offensichtlich dazu, eine
Form von Teilchenstrahlung auszusenden, von einer Art, die
Ch'kul zwar überall in der Galaxis spüren konnte, der sie jedoch normalerweise keine Beachtung schenkte.

Die Erbauer der Sonde dagegen verwendeten diese Teilchen gezielt, erzeugten sie in einer aufwendigen Weise. Das
Rätselhafte aber war, dass weder diese Sonde noch ein anderer Bestandteil des Raumfahrzeugs eine Möglichkeit besaß, die ausgesandte Teilchenstrahlung auch wahrzunehmen. Wenn diese Teilchen dazu dienten, Signale zwischen
mehreren zu diesen identischen Raumschiffen zu übertragen, warum gab es dann keine entsprechende Vorrichtung?

Sie wandte sich dem anderen Objekt zu. Es war ein ke-
gelförmiges Raumfahrzeug, das in der Lage sein musste, auf
einem Planeten zu landen. Das allein war nichts Ungewöhnliches, aber das Innere des Landers war überraschend: In
mehreren aufeinanderfolgenden Räumen fand Ch'kul Anordnungen von Objekten, die Licht auf vielfältige Art manipulierten, die zeigte, dass die Erbauer des Landers tatsächlich
begonnen hatten, ein tieferes Verständnis für die Natur der
Realität zu entwickeln.

Die Räume im Lander zeigten, dass seine Erbauer sich
tiefe Gedanken über die Natur der Welt gemacht hatten,
erkannt hatten, dass die Welt komplexer war, als es naivere

Wesen glauben mochten. Sie hatten erkannt, wie Phänomene an unterschiedlichen Orten miteinander verknüpft sein konnten, doch die Experimente zeigten auch, dass es ihnen nicht gelungen war, daraus die richtigen Folgerungen über die Natur der Welt zu ziehen. Statt die dahinterliegende Einfachheit zu erkennen, sahen sie die Verknüpfung als ein Mysterium an, an das die Experimente in der Sonde jeden, der sie erkundete, heranführen sollten.

Ch'kul fand es verblüffend, dass es Wesen geben konnte, die einerseits so ausgeklügelte Konstruktionen wie dieses Raumschiff ersinnen, durch die Galaxis ausschicken konnten, doch andererseits so weit von der fundamentalen Wahrheit entfernt zu sein schienen.

Wenn die Erbauer aber in der Lage waren, diese Verknüpfung zumindest rudimentär zu erkennen, dann erklärte dies den rätselhaften Aufbau der Sonde mit ihren Signalen: Es wurden unterschiedliche Signale in einer Weise verknüpft, die es möglich machen sollten, durch Wahrnehmung der Lichtsignale darauf zu schließen, was mit der Teilchenstrahlung geschehen war.

Schließlich erreichten Ch'kuls Sinne die letzten Räume innerhalb des Landers. Bisher hatte sie sich den Erbauern überlegen gefühlt, in dem Wissen, dass diese die Natur der Welt nicht wirklich verstanden. Umso mehr schockierte es sie, dass es den Erbauern bei aller Primitivität ihrer Gedanken gelungen war, eine Entdeckung zu machen, die Ch'kul selbst verborgen geblieben war. Ch'kul wandelte zwischen den Sternen der Galaxis, spürte ihre Kräfte, wusste, dass sie von einer Substanz erfüllt war, die sie nur durch ihre Schwerkraft wahrnehmen konnte, doch sie hatte dieser Substanz wenig Bedeutung beigemessen.

Die Erbauer dagegen hatten die Substanz untersucht, ihr Wesen ergründet, entdeckt, was ihr entgangen war: Die Substanz konnte sich verändern in einer Weise, die das Feuer der Sterne beeinflusste, ihre Existenz bedrohte. Die Signale der

Sonden sollten diese Veränderung messen, die Lander sollten
das Wissen darüber verbreiten.

Auf ihren Reisen hatte Ch'kul Zivilisationen entstehen,
wachsen, vergehen sehen, während sie die Astrosphäre ihrer
Sternsysteme durchquerte, die meisten von ihnen kurzlebig.
Angesichts dessen erschien ihr die Aussendung dieser Raumfahrzeuge umso bemerkenswerter – die Erbauer des Raumfahrzeugs mussten wissen, dass es sicherlich nahezu einen
Millizyklus dauern würde, bis sich die Raumschiffe hinreichend weit ausgebreitet hätten. Sie mussten gewusst haben,
dass ihre eigene Existenz über einen so langen Zeitraum fraglich, fragil war, doch trotzdem hatten sie die Raumschiffe auf
ihre Reise geschickt.

Ja, mehr noch. Die Erbauer hatten die Sonden so ausgestattet, dass sie Teilchen enthielten, die miteinander verknüpft waren, in der Weise, die Ch'kul so natürlich, den Erbauern dagegen so mysteriös erschien. Warum sie dies getan
hatten, blieb unklar, aber die Verknüpfungen ermöglichten
eine Verbindung, die Ch'kul jetzt nutzen konnte.

Sie verdichtete sich weiter, verband sich mit der Sonde,
den verknüpften Teilchen, richtete ihr Bewusstsein über diese Verknüpfung auf die anderen Sonden in der Galaxis, auf
die Bereiche dazwischen.

Tatsächlich. Die Bedrohung, die die Galaxis erfüllte, war
real. Die Substanz, die die Basis dieser Bedrohung bildete,
besaß nur wenige Berührungspunkte mit der Materie, aus
der Ch'kul bestand, so hatte sie bisher übersehen, dass diese
Substanz sich katastrophal zu verändern mochte.

Ch'kul wechselte in Schnellzeit, nutzt die Verknüpfung
der Sonden, erstreckt ihren Geist über die Galaxis, erweitert
ihre Wahrnehmung, sondiert, nimmt weit von sich entfernt
wahr, dass die verborgene Materie an einem Punkt begonnen
hat, sich zu verändern, eine Veränderung, die sich ausbreitet,
nicht lange benötigen wird, bis sie den ersten Stern erreichen,

verändern, vielleicht zerstören würde, dann unaufhaltsam weiter, Sonnensysteme vernichtend, Leben vertilgend.

In ihrer verwirrenden Mischung aus Ignoranz, aus Erkenntnis schienen die Erbauer anzunehmen, der Zufall würde einzelne Ereignisse in der Welt bestimmen, unkontrolliert, unvorhersehbar, unbeeinflussbar, aber Ch'kul weiß, dass dies nur Schein ist, dehnt ihren Geist weiter aus, versucht, die scheinbar zufälligen Prozesse, die der Bedrohung zugrunde liegen, in eine andere Richtung zu steuern, will dazu einen Fokuspunkt bilden, dort, wo die Veränderung begonnen hat, doch vergeblich; von einem Punkt aus operierend vermag sie die Kraft ihres Bewusstseins nicht hinreichend zu bündeln, kann die Verbindung zwischen Raum, Materie, Bewusstsein zwar zum Sondieren nutzen, aber nicht zur Beeinflussung, denn die Entfernung zum Ort der Bedrohung ist trotz allem nicht irrelevant, zu groß, für einen einzelnen Geist unüberwindbar; einen Geist, den Ch'kul zu teilen vermag, sie hat dies in der Vergangenheit bereits getan, sich geteilt, für kurze Zeiträume, mag auf diese Weise weitere Ausgangspunkte für ihren Fokus bilden, doch es würde Millizyklen dauern, bis sie sich weit genug durch die Galaxis bewegt hätte, Millizyklen, in denen die Bedrohung sich ausbreiten würde, unaufhaltsam würde, vernichtend würde, bevor sie sie bekämpfen konnte.

Sie richtet ihren Geist noch einmal auf die Raumfahrzeuge, die Verknüpfungen zwischen ihnen, weit entfernt in der Galaxis, erkennt etwas Überraschendes in zwei der Lander der fremden Erbauer, andere Wesen, planetengebunden, die die Lander auf ihre Art erkunden, Bewusstseine, die so nahe an den verknüpften Teilchen liegen, dass sie mit ihnen Verbindung aufnehmen kann, etwas, das die Erbauer gewiss nicht bezweckt haben in ihrer Unkenntnis des Zusammenhangs zwischen Materie, Bewusstsein, Zeit, Raum, der ihr Verständnis übersteigt, das sie aber dennoch ermöglicht haben, eine Verbindung, die Ch'kul nutzen kann, über eine weite Entfernung, weit genug, um mit ihrer Hilfe ihre Kraft am Zielort bündeln, die Bedrohung ausschalten zu können.

Ch'kul muss Kontakt mit ihnen aufnehmen, nicht wissend, um was für Wesen es sich handelt, so wie sie bereits früher gelegentlich zumindest einen Splitter ihres Bewusstseins mit fremden Wesen geteilt hat, deren Sternsysteme sie durchquerte, manche von ihnen abweisend, feindselig, manche panisch, verängstigt, manche unverständlich, rätselhaft, scheinbar irrational, anfangs auch vom Kontakt mit ihrem Bewusstsein geschädigt, zu rasend waren Ch'kuls Gedanken in Schnellzeit, sodass sie zunehmend vorsichtiger geworden ist, doch Vorsicht muss nun zurückstehen im Kampf gegen die wahrgenommene Bedrohung, im Versuch, die fremden Bewusstseine mit ihrem zu verknüpfen, weitere Punkte zu bilden, von denen aus ein Fokus möglich ist, von denen aus sie die verborgene Materie beeinflussen kann, darf die fremden Bewusstseine nicht gefährden, wechselt in Aktionszeit.

Ch'kul öffnete ihren Geist, tastete vorsichtig nach den Wesen, die sie wahrnahm: Würden die Fremden den Kontakt annehmen oder sie zurückweisen?

A

Anmerkungen

In diesem Kapitel finden sich weiterführende Erläuterungen und Anmerkungen. Dabei werden auch fiktive Konzepte, die nur für dieses Buch erdacht wurden, näher beleuchtet.

Kap. 1

Auch auf der Erde gibt es Pflanzen, die, ähnlich wie Felsmoos, teilweise auf felsigem Untergrund wachsen. Ihre Wurzeln erzeugen Säure, die den Stein auflöst, um daraus Phosphor zu gewinnen.

Teodoro, G. S. et al. (2019). Specialized roots of Velloziaceae weather quartzite rock while mobilizing phosphorus using carboxylates. Functional Ecology, 33(5), 762–773.

****

Konzepte für die Erforschung oder Besiedelung der Galaxis mit reproduzierenden Raumfahrzeugen, die sich mit Unterlichtgeschwindigkeit bewegen, wurden beispielsweise bei der

© Der/die Herausgeber bzw. der/die Autor(en), exklusiv lizenziert an Springer-Verlag GmbH, DE, ein Teil von Springer Nature 2023
M. Bäker, *Das Quantenrätsel*,
https://doi.org/10.1007/978-3-662-67299-0

„10th Global Trajectory Optimisation Competition" (10. globaler Trajektorien-Optimierungs-Wettbewerb) entwickelt. Auch hier werden zunächst nur wenige Fahrzeuge ausgesandt, die sich dann weiter vermehren und so schließlich einen Großteil der Galaxis erreichen. Sich selbst vermehrende Sonden werden oft als Von-Neumann-Sonden bezeichnet, nach John von Neumann, der als Erster das Konzept sich selbst replizierender Automaten untersuchte.

Williams, M. (2019), The Most Efficient Way To Explore The Entire Milky Way, Star By Star, https://universal-sci.com

Petropoulos, A. E. , Gustafson, E., Whiffen, G., Anderson, B. (2019) GTOC X, The 10th Global Trajectory Optimisation Competition – Settlers of the Galaxy–, NASA JPL

NASA 10th Global Trajectory Optimisation Competition https://gtocx.jpl.nasa.gov/gtocx/competition/

****

Die Zahl der bewohnbaren Exoplaneten in der Galaxie kann derzeit nur grob abgeschätzt werden, zumal die Definition, wann genau ein Planet erdähnlich ist, auch nicht eindeutig ist. Ein aktuell plausibler Wert liegt bei 300 Mio. potentiell bewohnbaren Planeten.

Tavares, F. (2019), About Half of Sun-Like Stars Could Host Rocky, Potentially Habitable Planets, NASA, 2019, https://www.nasa.gov/feature/ames/kepler-occurrence-rate

****

Ui Te Rangiora (auch Ūi Te Rangiora oder Hui Te Rangiora) war polynesischen Überlieferungen zufolge ein Seefahrer des 7. Jahrhunderts. Mit seiner Besatzung und dem Schiff Te Ivi o Atea soll er weite Entdeckungsreisen unternommen haben und dabei weit nach Süden vorgedrungen sein. In den Überlieferungen wird davon gesprochen, dass er dorthin segelte, wo die „See schäumt wie Pfeilwurz". Pfeilwurz (auch Pia genannt) ist eine Pflanze, die pulverisiert ähnlich wie Schnee aussieht. Diese Überlieferung legt nahe, dass Ui Te Rangiora zumindest die Nähe der Antarktis erreichte und

Eisschollen sah. Ob er wirklich die Antarktis erreichte, ist gegenwärtig nicht gesichert.

Wehi, P. M. et al. (2021) A short scan of Māori journeys to Antarctica, Journal of the Royal Society of New Zealand, 1

Kap. 2

Eine Supernova ist eine katastrophale Sternexplosion. Es gibt zwei Arten von Supernovae: Supernovae vom Typ I werden ausgelöst, wenn in einem Doppelsternsystem einer der beiden Sterne ein sogenannter Weißer Zwerg ist, also ein Sternenrest. Materie des Begleitsterns trifft auf diesen Stern, wodurch Kernfusionsprozesse erneut beginnen, die den Stern explodieren lassen. Eine Supernova vom Typ II entsteht, wenn ein sehr massereicher Stern am Ende seines Lebens kollabiert, weil im Inneren keine Kernfusion mehr stattfindet, so dass sich der Druck im Inneren verringert. Dieser Kollaps führt zu einer Explosion, bei der ein Neutronenstern oder ein Schwarzes Loch entstehen können.

Bei einer Supernova entstehen große Mengen an Neutrinos, die zu Beginn des Kollapses ausgesandt werden. Da diese Neutrinos, anders als Licht, im Inneren des Sterns nicht absorbiert werden, können sie die Erde früher erreichen als Lichtsignale. Bei der Supernova SN 1987A in der Großen Magellan'schen Wolke erreichten die Neutrinos die Erde etwa 3 h, bevor das Lichtsignal detektiert wurde.

Neutrino-Detektoren können damit als Frühwarnsystem dienen, das es ermöglicht, Detektoren auf die entsprechende Sternregion auszurichten und damit die Entstehung der Supernova detailliert zu verfolgen. Das SuperNova Early Warning System (SNEWS) existiert wirklich. Es ist ein Zusammenschluss verschiedener Neutrino-Detektoren. Falls mehrere Neutrino-Detektoren unabhängig voneinander eine ungewöhnlich hohe Anzahl an Neutrinos messen (sogenannte Koinzidenz), versendet das System eine Nachricht mit Informationen zu den Messungen der einzelnen Detektoren. Diese enthält neben Informationen zu der Anzahl gemessener Neutrinos und der Dauer des Signals in Sekunden auch die Koordinaten (Deklination und Rektaszension), falls diese bestimmbar sind. Hat die Koinzidenz eine hohe Qualität, wird sie mit dem Koinzidenz-Level „Gold" bezeichnet, ist die Qualität geringer, ist das Koinzidenz-Level „Silber".

Die aktuell beteiligten Neutrino-Detektoren besitzen keine ausreichend hohe Sensitivität, um Neutrinos von Supernovae aus der Andromeda-Galaxie zu detektieren. Der geplante Detektor Hyper-Kamiokande (Hyper-K), der vermutlich etwa 2027 fertiggestellt sein wird, wäre hierzu in der Lage. Auch der Detektor Ice-Cube Generation-2 befindet sich aktuell im Planungsstadium.

Antonioli, P. et al. (2004), SNEWS: The SuperNova Early Warning System, New Journal of Physics

Abe, K. et al. (2018), Hyper-Kamiokande Design Report, arXiV:1805.04163v2

****

Die Supernova SN 1885A wurde 1885 in der Andromeda-Galaxie entdeckt und war damit die erste beobachtete Supernova außerhalb der Milchstraße. Die Überreste der Supernova wurden zuerst 1988 beobachtet.

Hasselberg, B. (1885), Ueber den neuen Stern im großen Andromeda-Nebel, Astronomische Nachrichten 113

Fesen, R. A., Hamilton, A. J. S., Saken, J. M. Saken (1989) Discovery of the Remnant of S Andromedae (SN 1885) in M31, The Astrophysical Journal 341

Kap. 3

Alle Experimente, die T'lik'tik und sSsuuaSsaaWaSsea beobachten, lassen sich zumindest prinzipiell mit heutiger Technik durchführen, auch wenn die Darstellung stark idealisiert ist. Die einzige Ausnahme ist der Verzögerer. Der Verzögerer setzt die Lichtgeschwindigkeit so weit herab, dass Licht mehrere Sekunden benötigt, um ihn zu durchqueren. Prinzipiell lässt sich das technisch auf zwei Arten realisieren.

Licht läuft in Materie langsamer als im Vakuum, in Glas beispielsweise beträgt die Lichtgeschwindigkeit nur etwa 200000 km/s statt 300000 km/s. Ein Verzögerer ließe sich also prinzipiell durch ein sehr langes Glasfaserkabel realisieren, wobei allerdings ein Großteil des Lichts absorbiert werden würde, da Glas niemals perfekt durchsichtig ist. Die Verzögerung ergibt sich dabei aus dem Brechungsindex des Materials, der in vielen Gläsern etwa bei 1,5 liegt. In der Science-Fiction-Geschichte „Light of other days" von Bob Shaw wird ein Material beschrieben, bei dem die Lichtgeschwindigkeit so weit herabgesetzt wird, dass Licht Jahrzehnte benötigt, um es zu durchqueren.

Die zweite Möglichkeit, Licht zu verlangsamen, besteht darin, es durch ein Gas aus ultrakalten Atomen zu leiten. Experimentell lässt sich dadurch die Lichtgeschwindigkeit auf weniger als 20 m/s reduzieren.

Bäker, M. (2014), Funktionswerkstoffe. Springer Fachmedien Wiesbaden

Hau, L. V., Harris, S. E., Dutton, Z., & Behroozi, C. H. (1999), Light speed reduction to 17 ms per second in an ultracold atomic gas. Nature, 397

Shaw, B., Light of other days, in: Nebula Award Stories 2, Panther Science Fiction

****

Das galaktische Koordinatensystem ist ein System zur Beschreibung der Positionen von Sternen in unserer Milchstraße. Es verwendet die Sonne als Ursprung. Dazu wird eine gedachte Linie von der Sonne zum Zentrum der Milchstraße gezogen. Die galaktische Länge gibt den Winkel der Sternposition relativ zu dieser Linie an; die galaktische Breite ist der Winkel relativ zur Ebene der Milchstraße. Als dritte Koordinate wird der Abstand zum Sonnensystem angegeben. Die verwendete Einheit ist das Kiloparsec; ein Kiloparsec sind 3261 Lichtjahre oder etwa 30,9 Billiarden km. Zur Bestimmung der galaktischen Koordinaten lässt sich ein Berechnungsprogramm des Wolfram Demonstrations Project verwenden.

https://demonstrations.wolfram.com/GalacticCoordinateSystem/

****

Die Eigenschaften der Sterne in den Berichten wurden denen der Sternen Tau Ceti, Kepler 442 und XO-4 nachempfunden.

****

Die Experimente des PALADIN-Projekts verwenden Licht. Es ist natürlich fraglich, ob alle außerirdischen Lebensformen Augen entwickeln würden (ein Gegenbeispiel sind die außerirdischen Lebensformen in Wayne Barlowes Buch „Expedition", die ein Echolot-System ähnlich zu Fledermäusen verwenden). Auf der Erde haben sich Augen sehr oft (möglicherweise bis zu vierzigmal) unabhängig voneinander entwickelt, was dafür spricht, dass der evolutionäre Druck zur Entwicklung von Augen groß ist. Da jeder Planet gerichtete Strahlung von der Sonne enthält, ist es zumindest plausibel, dass Augen auch bei außerirdischen Lebensformen häufig anzutreffen sein werden.

Man könnte einwenden, dass es ja auch möglich ist, dass ein Planet von dichten Wolken eingehüllt ist, so dass es keine lokalisierte Strahlungsquelle gibt und die Oberfläche auf einem gleichmäßigen Temperaturniveau liegt. In diesem Fall ist jedoch Leben nicht ohne Weiteres vorstellbar, denn Leben erfordert eine Quelle höherwertiger Energie (sogenannte Freie Energie); aus einem Wärmebad gleichmäßiger Temperatur lässt sich keine Energie entziehen, dazu sind Temperaturdifferenzen erforderlich. Denkbar wäre natürlich ein Planet, auf dem die primäre Energiequelle zum Beispiel geothermisch ist wie in einigen Tiefseegräben auf der Erde, oder ein Planet, bei dem Photosynthese in den oberen Schichten der Atmosphäre stattfindet und die Lebewesen auf der Oberfläche die herabsinkende Biomasse konsumieren.

Die Annahme, dass außerirdische Lebewesen auch Farben unterscheiden können, ist sicherlich wesentlich problematischer, obwohl sich auch diese Fähigkeit auf der Erde mehrfach evolutionär unabhängig entwickelt hat. Die Farbwahrnehmung ist für die beschriebenen Experimente aber auch nicht zwingend erforderlich; sie erleichtert lediglich die Interpretation des Experiments in Kap. 9.

Prinzipiell ist es natürlich auch möglich, dass das PALADIN-Projekt statt Photonen beispielsweise Experimente mit Elektronen verwendet, wenn die Lebensformen, auf die die Lander treffen, auf optische Signale nicht reagieren.

Barlowe, W. D. (1990), Expedition: Being an Account in Words and Artwork of the 2358 A.D. Voyage to Darwin IV, Workman Publishing

Schwab, I. R. (2018) , The evolution of eyes: Major steps. the Keeler lecture 2017: Centenary of Keeler Ltd. Eye, 32(2)

****

Proteoglykane sind sehr große Moleküle, die sich aus Proteinen und Zuckerverbindungen (sogenannte Glykosaminoglykane) zusammensetzen. Sie besitzen die Fähigkeit, große Mengen an Wasser aufzunehmen. Man findet sie beispielsweise im Gelenkknorpel, wo sie Wasser speichern, das bei Belastung aus dem Knorpel herausgedrückt wird und so für eine zusätzliche Schmierung des Gelenks sorgt. Die Annahme, dass Proteoglykane in Lebewesen an die Stelle von durch Membranen abgetrennten Zellen treten können, ist allerdings fiktiv.

Kap. 4

Das beschriebene Mach-Zehnder-Interferometer existiert in unterschiedlichen Varianten, was zu Verwirrung führen kann, wenn man unterschiedliche Quellen vergleicht. Die hier beschriebene Variante verwendet Strahlteiler, bei der jeder reflektierte Strahl eine Phasenverschiebung um 90° erhält (der Zustand wird also mit einem Faktor i multipliziert) und jeder durchgelassene Strahl nicht phasenverschoben wird. Solche Strahlteiler werden auch symmetrisch genannt. Es gibt auch asymmetrische Strahlteiler (beispielsweise aus Glas, das auf der Rückseite mit Silber bedampft wird). In diesen bekommt ein Photon, das direkt von der bedampften Fläche reflektiert wird, eine Phasenverschiebung von 180° (einen Faktor von −1), ein Photon, das erst das Glas durchquert und dann reflektiert wird, bekommt dagegen keinen Phasenfaktor.

Hénault, F. (2015), Quantum physics and the beam splitter mystery, in: The Nature of Light: What are Photons? VI (Vol. 9570), SPIE

****

Das Mach-Zehnder-Interferometer wird auch in der Physikdidaktik verwendet, um grundlegende Konzepte der Quantenmechanik zu erläutern.

Pereira, A., Ostermann, F., & Cavalcanti, C. (2009), On the use of a virtual Mach-Zehnder interferometer in the teaching of quantum mechanics, Physics Education, 44(3)

****

Das Bild der verzögerten Welle, wie es sSsuuaSsaaWaSseaana hier entwickelt, ist etwas vereinfacht, denn die Welle, mit der man ein einzelnes Photon beschreibt, kann nicht unendlich

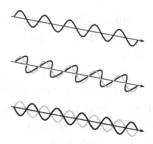

Abb. A.1 Rotiert man eine Welle zweimal um 90°, entsteht eine Welle, die zur ursprünglichen Welle genau entgegengesetzt orientiert ist. Die Richtung im Bild ist dabei nicht die Richtung des elektrischen Feldes einer elektromagnetischen Welle, sondern die Richtung in der Ebene der komplexen Zahlen

lang sein. Würde die Welle tatsächlich beim zweimaligen Reflektieren am Strahlteiler verzögert werden, würden sich die verzögerte und die nicht verzögerte Welle nicht perfekt aufheben, weil die eine der anderen vorlaufen würde.

Tatsächlich ist es so, dass man auch im Bild der Wellenfunktion komplexe Zahlen wie in Abb. 4.10 verwendet, um die Welle zu beschreiben. Bei einmaliger Reflexion wird die Welle um 90° rotiert, bei zweimaliger Reflexion um 180°, siehe Abb. A.1. Damit hat die Welle unabhängig von ihrer Form an allen Punkten ihr Vorzeichen umgekehrt, so dass die beiden Wellen einander aufheben können.

Beim Reflektieren an den beiden umlenkenden Spiegeln kommt tatsächlich noch eine zusätzliche Rotation (man spricht auch von einem Phasenfaktor) von 90° hinzu; da diese jedoch auf beiden Lichtwegen identisch ist, spielt sie keine Rolle, wie sSsuuaSsaaWaSseaana auch selbst richtig erkannt hat.

****

Im Dialog wird erklärt, dass der Wert der Wellenfunktion an einem Ort mit sich selbst multipliziert werden muss, um die Wahrscheinlichkeit dafür zu berechnen, das Photon an diesem Ort zu finden. Diese Aussage ist etwas vereinfacht, denn da es unendlich viele Punkte im Raum gibt, ist die Wahrscheinlichkeit, ein Teilchen exakt an einem Punkt zu finden, immer gleich null. Mathematisch korrekt ist das Quadrat der Wellenfunktion eine Wahrscheinlichkeitsdichte; summiert man diese über einen kleinen Raumbereich, erhält man die Wahrscheinlichkeit, das Teilchen in diesem Raumbereich zu finden. Wird die Welle, beispielsweise an einem Strahlteiler, aufgespalten, entstehen zwei Teilwellen, die jede über einen kleinen Raumbereich verteilt sind. Für jeden dieser Raumbereiche ergibt sich in der Summe ein Wert der Wellenfunktion von 0.71, so dass die Wahrscheinlichkeit, das Teilchen in der einen oder anderen Teilwelle zu finden, jeweils 50 % beträgt.

****

Der Zahlenwert von etwa 0.71, den Takumi Mitarashi erwähnt, ist der Kehrwert der Wurzel aus zwei. Die Wurzel aus zwei $\sqrt{2} = 1,41421356\ldots$ ist die Zahl, die mit sich selbst multipliziert zwei ergibt. Ihr Kehrwert von 0.7071068 ergibt mit sich selbst multipliziert den Kehrwert von 2, also genau $1/2$.

Kap. 5

Alle beschriebenen Experimente mit polarisiertem Licht verwenden lineare Polfilter. Um zu erreichen, dass das Durchqueren des ersten Polfilters unabhängig von dessen Stellung immer eine Wahrscheinlichkeit von 50 % hat, kann man zirkular polarisiertes Licht verwenden. Zirkular polarisierte Photonen lassen sich als Überlagerung aus senkrecht und waagerecht polarisiertem Licht mit einer Phasenverschiebung beschreiben.

****

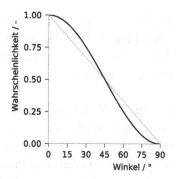

Abb. A.2 Wahrscheinlichkeit, dass ein senkrecht polarisiertes Photon einen Polfilter durchquert, der um einen Winkel gegen die Senkrechte verdreht ist. Die gestrichelte Linie zeigt zum Vergleich einen linearen Verlauf

Steinlinge besitzen acht Beine, Sie rechnen deshalb im Oktalsystem, verwenden also Ziffern von 0 bis 7. Die Zahl 8 entspricht im Oktalsystem der Zahl 10, die Zahl 64 der Zahl 100. Für T'lik'tik ist es deshalb naheliegend, 64 Lichtkörnchen abzuzählen.

****

Die Wahrscheinlichkeit, dass ein Photon einen Polfilter passiert, der um einen bestimmten Winkel verdreht ist, fällt von 1 bei einer Verdrehung von 0° (das Photon kommt immer durch den Filter) auf 0 bei einem Winkel von 90° (das Photon kommt auf keinen Fall durch den Filter). Bei 45° beträgt die Wahrscheinlichkeit genau 50 %. Man könnte annehmen, dass sich die Wahrscheinlichkeit mit dem Winkel linear ändert, dies ist jedoch nicht der Fall wie Abb. A.2 zeigt. Bei nur kleinen Abweichungen der Winkel ist die Wahrscheinlichkeit größer, bei Winkeln von mehr als 45° ist sie kleiner.[1] Es ist genau diese Abweichung von der Linearität, die der Bell'schen Ungleichung zugrunde liegt.

---

[1] Die zugehörige Funktion des Winkels α ist $\cos^2 \alpha$.

Schaltet man sehr viele Polfilter hintereinander, die jeweils nur um einen kleinen Winkel verdreht sind, ist die Wahrscheinlichkeit, dass ein Photon die Polfilter durchqueren kann, entsprechend hoch.

****

Der Dopplereffekt ist die Veränderung der Frequenz eines Signals, wenn sich Signalquelle und Empfänger relativ zueinander bewegen. Bewegen sich beide aufeinander zu, muss ein später ausgesandter Wellenberg eine kürzere Strecke zurücklegen, um den Empfänger zu erreichen. Für den Empfänger nimmt also die Frequenz des Signals zu. Entfernen sich Sender und Empfänger voneinander, müssen später ausgesandte Signale eine längere Strecke zurücklegen, so dass die Signalfrequenz abnimmt. Aus dem Alltag kennt man dieses Phänomen beispielsweise vom Martinshorn eines schnell fahrenden Krankenwagens. Bei Lichtsignalen führt der Dopplereffekt zu einer Rot- bzw. Blauverschiebung des Lichts, die Lichtfarbe ändert sich also.

Um die Geschwindigkeit eines Sterns relativ zur Erde zu messen, nutzt man aus, dass Elemente in der Atmosphäre des Sterns Licht absorbieren. Das Lichtspektrum eines Sterns enthält deshalb charakteristische Spektrallinien bei bestimmten Wellenlängen. Beispielsweise lässt sich die Anwesenheit von Natrium an der Sonnenoberfläche dadurch nachweisen, dass Licht im gelben Bereich des Spektrums absorbiert wird. Misst man deren Position im Spektrum eines Sterns, kann man aus der Verschiebung der Spektrallinien seine Geschwindigkeit ermitteln.

****

Die Dunkle Materie ist eine Materieform, die postuliert wurde, um das Verhalten von Galaxien zu beschreiben. Sterne in den äußeren Bereichen von Galaxien bewegen sich deutlich schneller, als sich mit der Gravitation der sichtbaren Materie erklären lässt.

Um was für eine Art von Materie es sich handeln könnte, ist dabei offen. Dunkle Materie wechselwirkt nicht mit Licht, besteht also aus elektrisch ungeladenen Teilchen. Sie könnte allerdings eine Ladung der sogenannten schwachen Wechselwirkung tragen, so dass es eine geringe Wahrscheinlichkeit für eine Wechselwirkung geben könnte. Eine Möglichkeit hierfür sind sogenannte WIMPs, weakly interacting massive particles (schwach wechselwirkende massive Teilchen).

Prinzipiell ist es aber auch denkbar, dass die Dunkle Materie aus einer größeren Anzahl unterschiedlicher Teilchensorten besteht, die miteinander in ähnlicher Weise reagieren, wie die uns bekannte Materie es tut. Damit könnte es einen ganzen Dunklen Sektor aus Materie geben; möglicherweise sogar mit Dunklen Sternen, die Strahlung aus Dunklen Photonen aussenden. Im Text habe ich angenommen, dass die Dunkle Materie aus einer bisher unbekannten Teilchenart besteht, die zur Bildung von geordneten Strukturen, den beschriebenen Filamenten, führt.

Die Idee der Dunklen Materie ist allerdings nicht unumstritten. Eine Alternative besteht darin, die Bewegungsgleichungen, die das Verhalten von Materie beschreiben, bei sehr niedrigen Beschleunigungen zu verändern. Diese Hypothese, von der es verschiedene Varianten gibt, wird als MOND (modifizierte Newtonsche Dynamik) bezeichnet.

Ob sich eine der beiden Erklärungen sich am Ende als korrekt erweist, ob möglicherweise beide Erklärungen zusammenwirken, so dass es also sowohl Dunkle Materie gibt als auch eine modifizierte Bewegungsgleichung, oder ob die korrekte Erklärung vollkommen anders ist, ist zurzeit vollkommen offen.

Kap. 6

Im Text habe ich angenommen, dass die Pupillen, die sSsuuaSsaaWaSseaaNnae ausbildet, einen sehr kleinen Durchmesser besitzen. Ansonsten würde es zusätzlich zu Interferenzen kommen, die daher stammen, dass Licht von gegenüberliegenden Seiten einer Pupille interferiert.

sSsuuaSsaaWaSseaaNnaes Pupillen sind der Einfachheit halber kreisförmig. Bei Versuchen zur Interferenz verwendet man meist spaltförmige Schlitze, die den Vorteil haben, insgesamt mehr Licht durchzulassen.

Prinzipiell wäre es auch möglich, ein Interferenzmuster zu erzeugen, ohne die erste der beiden Öffnungen zu verwenden, da Sonnenlicht immer zumindest teilkohärent ist. Das entstehende Interferenzmuster ist dann allerdings weniger deutlich.

****

Die Annahme, dass sSsuuaSsaaWaSseaaNnae einzelne Photonen sehen kann, mag erstaunlich erscheinen, tatsächlich können aber auch die Sinneszellen in unserem Auge, die für das Sehen im Dunkeln zuständig sind (die Stäbchen), durch einzelne Photonen angeregt werden. Einzelne Photonen lösen aber unter normalen Bedingungen keine Lichtempfindung aus. Das schwächste Lichtsignal, das wir im Alltag bei perfekter Anpassung unserer Augen an die Dunkelheit wahrnehmen können, besteht aus fünf bis sieben Photonen. Es gibt allerdings experimentelle Hinweise, die darauf hindeuten, dass Menschen eine gewisse Chance haben, tatsächlich auch einzelne Photonen zu sehen.

Hecht, S., Schlaer, S., Pirenne, M. H. (1942) Energy, quanta and vision. J. Opt. Soc. Am. 38

Tinsley, J. N., Molodtsov, M. I., Prevedel, R., Wartmann, D., Espigulé-Pons, J., Lauwers, M., & Vaziri, A. (2016), Direct detection of a single photon by humans. Nature communications, 7

****

Photonen werden in der Physik normalerweise nicht direkt mit einer Wellenfunktion beschrieben, sondern mithilfe der sogenannten Quantenelektrodynamik, die auch die Erzeugung und Vernichtung von Photonen und ihre Wechselwirkung mit Materie beschreiben kann. Das Konzept der Wellenfunktion wurde ursprünglich für massive Teilchen wie Elektronen eingeführt, es wird aber problematisch, wenn diese Teilchen sich mit Geschwindigkeiten nahe der Lichtgeschwindigkeit bewegen. Bei niedrigen Energien der Elektronen liefert die Wellenfunktion aber eine exzellente Beschreibung und wird beispielsweise in der Materialforschung verwendet, um das Verhalten neuer Werkstoffe vorherzusagen.

Da Photonen sich immer mit Lichtgeschwindigkeit bewegen, gibt es keine Beschreibung, die der Wellenfunktion eines Elektrons in jeder Hinsicht entspricht. Man kann allerdings aus der Quantenelektrodynamik ein Konzept ableiten, das dem einer Wellenfunktion sehr nahe kommt. Dies hat den Vorteil, dass sich das Verhalten von Photonen und Elektronen an einem Doppelspalt in ähnlicher Weise beschreiben lässt.

Bialynicki-Birula, I. (1994), On the wave function of the photon. Acta Physica Polonica A, 1, 1994

Bialynicki-Birula, I. (1996), The photon wave function. Progress in optics, 36

****

Die Unschärferelation wird im Text als ein Zusammenhang zwischen Ort und Geschwindigkeit beschrieben. Schreibt man die Unschärferelation in Formeln, verwendet man statt der Geschwindigkeit den Impuls des betrachteten Objekts, der definiert ist als Geschwindigkeit multipliziert mit der Masse. Das Produkt aus Ortsunschärfe und Impulsunschärfe kann nicht kleiner sein als das Planck'sche Wirkungsquantum geteilt durch 4π.

Kap. 7

Das Konzept der Twistonen als Teilchen der Dunklen Materie ist natürlich vollkommen fiktiv, basiert aber auf verschiedenen Ideen aus der Physik der Elementarteilchen.

Ein Beispiel für eine physikalische Gleichung, die ähnlich wie die Gleichungen, die die Twistonen beschreiben, unerwartete Lösungen besitzt, ist die Dirac-Gleichung. Diese wurde 1928 von Paul Dirac aufgestellt, um Elektronen mit einer Gleichung zu beschreiben, die mit Einsteins spezieller Relativitätstheorie vereinbar ist. Dirac stellte fest, dass die Gleichung unerwarteterweise Lösungen für Elektronen mit negativer Energie besaß, die die Theorie infrage stellten: Wenn Elektronen beliebig niedrige Energien besitzen können, warum nehmen sie dann nicht diese Zustände ein und verlieren immer mehr Energie? Dirac postulierte, dass die Zustände negativer Energie bereits mit Elektronen besetzt sind und andere Elektronen deshalb diese Zustände nicht einnehmen können, weil sich in jedem Zustand immer nur ein Elektron aufhalten kann (das sogenannte Pauli-Prinzip). Diese unendliche Anzahl von Elektronen in Zuständen mit negativer Energie wurde dann als Dirac-See (englisch „Dirac sea", also eigentlich Dirac-Meer) bezeichnet.

Dirac folgerte weiter, dass es möglich sein müsste, einem Elektron in einem solchen Zustand so viel Energie zuzuführen, dass es in einen Zustand positiver Energie gelangen würde. Zurückbleiben würde eine Art Loch in der Dirac-See. Da dort ein Elektron fehlte, würde eine positive Ladung zurückbleiben. So wurde die Idee des Positrons, des Antiteilchens des Elektrons, geboren.

Später wurde Diracs Theorie zur sogenannten Quantenfeldtheorie erweitert und auch auf andere Elementarteilchen ausgedehnt. Im Rahmen dieser Theorien gibt es keine Dirac-See mehr; die Theorie wurde so umformuliert, dass sie Teilchen und Antiteilchen in vollkommen symmetrischer

Weise beschreiben kann. Dies ist auch deswegen notwendig, da es auch Antiteilchen von Teilchen gibt, die nicht dem Pauli-Prinzip unterliegen, bei denen also beliebig viele Teilchen im selben Zustand sein können. Für solche Teilchen gilt das Pauli-Prinzip also nicht und Lösungen mit negativer Energie wären tatsächlich problematisch.

Die (fiktiven) Twistonen können in unterschiedlichen Zuständen vorliegen, ähnlich wie beispielsweise Wasser flüssig oder fest sein kann. In einem der Zustände wechselwirken sie nicht mit Materie, im anderen dagegen gibt es eine Wechselwirkung mit Neutrinos. Möglich wäre beispielsweise, dass die Twistonen ähnlich wie Neutrinos eine Eigenschaft besitzen, die man als Händigkeit bezeichnet – Neutrinos beispielsweise sind immer linkshändig, Antineutrinos rechtshändig. Im passiven Zustand könnten die Twistonen eine Händigkeit besitzen, die nur eine Wechselwirkung mit (nicht existierenden) rechtshändigen Neutrinos und linkshändigen Antineutrinos erlaubt; im aktiven Zustand ändert sich die Händigkeit und die Twistonen können wechselwirken.

****

Eine Nova entsteht ähnlich wie eine Supernova vom Typ I (siehe die Anmerkungen zu Kap. 2) dadurch, dass Materie auf einen Weißen Zwerg stürzt und dort eine Explosion auslöst. Diese ist allerdings weniger stark und führt nicht zu einer Zerstörung des Sterns. Ein Stern kann deshalb auch mehrfach zu einer Nova werden.

Kap. 8

Das Experiment, das T'lik'tik durchführt, gelingt nur, weil die Wahrscheinlichkeit dafür, dass ein Photon einen um 60° gegen seine Orientierung verdrehten Polfilter passiert, kleiner als 1/3 ist. Wäre der Verlauf der Wahrscheinlichkeitskurve in Abb. A.2 linear wie die gestrichelt eingezeichnete Linie, würde diese Überlegung nicht funktionieren.

Die Idee für diese einfache Beschreibung der Bell'schen Ungleichung stammt von D. R. Schneider.

Schneider, D.R., Bell's Theorem with Easy Math, https://drchinese.com/David/Bell_Theorem_Easy_Math.htm

****

Ein Polarisationsdreher ist in der Lage, die Polarisationsrichtung eines linear polarisierten Photons zu drehen, egal wie diese anfänglich orientiert ist. Er kann beispielsweise aus einem Quarzkristall bestehen, in den das Licht aus einer bestimmten Richtung einfällt. Die Kristallstruktur des Quarzkristalls ist nicht spiegelsymmetrisch. Dies führt dazu, dass das elektrische Feld des Photons in jeder Kristallebene ein wenig verdreht wird. Auch viele Moleküle haben eine ähnliche Eigenschaft, beispielsweise Zucker. Strahlt man Licht durch eine Lösung, die Zucker enthält, wird seine Polarisationsrichtung an jedem Molekül geringfügig verdreht, so dass ein Glas mit einer Zuckerlösung auch als Polarisationsdreher dienen kann.

Kap. 9

Um aus einem Photon zwei zu erzeugen, wie im beschriebenen Experiment, verwendet man die sogenannte parametrische Fluoreszenz, bei der Photonen durch einen doppelbrechenden Kristall geschickt werden.

Dabei wird ein Photon in zwei Photonen mit niedrigerer Energie aufgespalten. Die Energie eines Photons ist gleich seiner Frequenz, multipliziert mit dem Planck'schen Wirkungsquantum. Deshalb ist die Frequenz des eingestrahlten Photons gleich der Summe der Frequenzen der ausgestrahlten Photonen. Da die Frequenz proportional zum Kehrwert der Wellenlänge des Lichts ist, können aus einem ultravioletten Photon mit einer Wellenlänge von etwa 350 nm zwei Photonen mit Wellenlängen von 600 nm (orange) und 850 nm (infrarot) werden. Das Farbspektrum, das T'lik'tik sehen kann, umfasst diese Wellenlängen, so dass für ihn alle drei Lichtfarben sichtbar sind; das ultraviolette Licht bezeichnet er als „violett", das infrarote Licht als „tiefrot". Ähnlich wie ein Mensch sieht T'lik'tik die Komplementärfarbe von tiefrot als grün.

****

Es ist umstritten, ob es tatsächlich möglich ist, beispielsweise den radioaktiven Zerfall eines Atoms durch häufige Messungen mithilfe des Zeno-Effekts zu unterdrücken. Die Messung des Atomzustands beeinflusst ihrerseits das Atom und kann so einen Zerfall möglicherweise sogar beschleunigen. Die Übertragung des Zeno-Effekts auf die (fiktiven) Twistonen ist deshalb möglicherweise problematisch. Ein weiteres Problem dieses Teils des PALADIN-Projekts besteht darin, dass die Neutrinos natürlich nur einen Bruchteil der in der Galaxis vorhandenen Dunklen Materie beeinflussen können.

Kofman, A. G., & Kurizki, G. (2001), Frequent observations accelerate decay: the anti-Zeno effect. Zeitschrift für Naturforschung A, 56(1–2)

****

Die Photonexperimente innerhalb der Sonden sind eng an ein Experiment angelehnt, das 2014 zum ersten Mal durchgeführt wurde.[2] Die Übertragung des Prinzips auf eine Methode zur Detektion des Zustands der Dunklen Materie ist dagegen reine Science-Fiction. In der geschilderten Form ist das Experiment in mehrerer Hinsicht problematisch beziehungsweise stark vereinfacht.

---

[2]Anders als in der Physik üblich habe ich die beiden Photonen nicht als „signal" und „idler", sondern als „Signalphoton" und „Abbildungsphoton" bezeichnet.

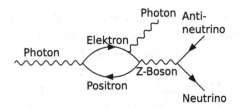

Abb. A.3 Ein möglicher Prozess, bei dem aus einem Photon hoher Energie ein Photon mit niedriger Energie und ein Neutrino-Antineutrino-Paar entstehen kann. Aus dem Photon entsteht ein Paar aus einem Elektron und einem Positron, von denen eins ein Photon aussendet. Die beiden Teilchen vernichten sich zu einem sogenannten Z-Boson, das ein Neutrino-Antineutrino-Paar erzeugt

Prinzipiell ist es möglich, dass ein hochenergetisches Photon ein Elektron und ein Neutrino-Antineutrino -Paar erzeugt; eine mögliche Reaktion zeigt Abb. A.3. Dabei erzeugt das Photon zunächst ein Elektron-Positron-Paar (Positronen sind die Antiteilchen der Elektronen). Eins der beiden Teilchen sendet zunächst ein Photon aus, anschließend vernichten sich Elektron und Positron wieder, wobei ein sogenanntes Z-Boson entsteht, das in ein Neutrino-Antineutrino-Paar zerfällt. Dieser Prozess wird durch die im Text beschriebenen (rein fiktiven) Z-Konverter ermöglicht. Diese könnten beispielsweise eine große Zahl von Z-Bosonen erzeugen, die sich alle im selben Zustand befinden und die dadurch die Wahrscheinlichkeit für diese Reaktion erhöhen, ähnlich wie in einem Laser, in dem Photonen sich bevorzugt im selben Zustand aufhalten.

Ein Problem dieser Logik besteht darin, dass bei der Reaktion Energie und Impuls erhalten bleiben müssen. Dadurch würden die Neutrinos und die Photonen nicht exakt in dieselbe Richtung laufen; es wären extreme Energien notwendig, um dafür zu sorgen, dass beide Neutrinos praktisch dieselbe Bahn besitzen. Dies ist aber notwendig, damit die Zustände der Neutrinos ununterscheidbar sind, egal von welchem der beiden Z-Konverter sie erzeugt werden. Das Problem ließe sich umgehen, wenn man die Neutrinos oder die Photonen umlenken würde; diesen zusätzlichen Schritt habe ich in der schematischen Beschreibung des Aufbaus vernachlässigt.

Hinzu kommt, dass Neutrinos, anders als Photonen, keine Lichtgeschwindigkeit erreichen können. Ein Neutrino mit einer genügend hohen Energie ist zwar nur um einen verschwindenden Bruchteil langsamer als Licht, aber nach einer Strecke von mehreren Lichtjahren würde sich dennoch ein Laufzeitunterschied ergeben, der zu einer Phasenverschiebung führen würde. Prinzipiell könnte man den Weg der Photonen aber so verlängern, dass dieser Unterschied kompensiert wird. Auch dieser Aspekt wurde in der schematischen Darstellung ignoriert.

Lemos, G. B., Borish, V., Cole, G. D., Ramelow, S., Lapkiewicz, R., & Zeilinger, A. (2014), Quantum imaging with undetected photons. Nature, 512

****

Im Text wird erwähnt, dass die Sonden ein Archiv von verschränkten Elektronen enthalten. Prinzipiell gibt es zwei Möglichkeiten, ein solches Archiv aufzubauen. Eine Möglichkeit besteht darin, dass die Sonden Signale (beispielsweise Photonen) miteinander austauschen, mit denen die Elektronen verschränkt werden. Hierzu kann die sogenannte Quantenteleportation verwendet werden. Dabei werden zunächst zwei Teilchen an einem Ort verschränkt, dann wird eins der Teilchen an einen Empfänger gesendet, wo es seine Information auf ein anderes Teilchen überträgt, so dass eine Verschränkung zwischen zwei weit entfernten Teilchen möglich wird.

Alternativ könnten die Sonden von vornherein ein Archiv aus verschränkten Teilchen besitzen. Dieses Archiv müsste den ersten Sonden beim Start mitgegeben werden; werden neue Sonden hergestellt, wird das Archiv entsprechend aufgeteilt. Bei einer Zahl von einer Million Sonden würde das Archiv eine Billion Verschränkungen erfordern. Nimmt man willkürlich an, dass die Teilchen, die für die Verschränkung zwischen zwei Sonden benötigt werden, jeweils ein Volumen von 1 mm^3 einnehmen, ist ein Gesamtvolumen von 1000 m^3 erforderlich. Eine entsprechende Technologie ist zwar fiktiv, aber physikalisch möglich.

Kap. 10

Alle Dialoge zur Quantenmechanik gehen von der sehr pessimistischen Annahme aus, dass es bis zum Jahr 2119 keine Fortschritte beim grundlegenden Verständnis geben wird und die Frage, welche Interpretation der Quantenmechanik korrekt ist, nach wie vor offen ist. Sie geben damit aber den aktuellen Stand unseres Wissens wieder.

****

Ein Experiment, bei dem man Photonen von weit entfernten Objekten verwendet hat, um die Stellung von Polfiltern zu steuern, wurde 2018 veröffentlicht. Die Photonen stammten von Quasaren, den sehr hellen aktiven Kernen von Galaxien, die Milliarden Lichtjahre von uns entfernt sind. Experimente dieser Art schließen den Superdeterminismus nicht aus, machen es aber sehr schwer, eine Theorie zu formulieren, wie genau ein deterministischer Prozess ablaufen soll, der zu den beobachteten Quanteneffekten führt.

Rauch, D. et al. (2018), Cosmic Bell Test Using Random Measurement Settings from High-Redshift Quasars, Physical Review Letters, 121

****

Die Theorie des Superdeterminismus impliziert, dass Willensfreiheit nur eine Illusion ist. Wir haben das Gefühl, dass wir frei entscheiden können, wie wir einen Polfilter einstellen. Letztlich kann man aber argumentieren, dass jede Entscheidung, die wir treffen, auf der Summe unserer Erfahrungen beruht, die unser Denken bestimmt. Ideen, dass unser Denken durch Quantenprozesse bestimmt und deshalb frei sein könnte (zum Beispiel vertreten durch R. Penrose), helfen hier vermutlich nicht weiter, denn diese Quantenprozesse sind entweder rein zufällig, so dass unser Wille nicht frei, sondern selbst auch reiner Zufall ist, oder sie sind selbst determiniert, so dass sich das Problem nur verschiebt. Eine detaillierte philosophische Betrachtung der Willensfreiheit und der Frage, was dieses Konzept genau bedeutet, findet sich beispielsweise bei D. Dennett.

Penrose, R. (1990), The emperor's new mind: Concerning computers, minds and the laws of physics. London: Vintage

Dennett, D. C. (2003), Freedom Evolves, Viking, New York

****

Die Allgemeine Relativitätstheorie wird meist als Theorie einer gekrümmten Raumzeit interpretiert. Objekte in der gekrümmten Raumzeit folgen den geradesten Bahnen, die in einer solchen Raumzeit möglich sind, ähnlich wie eine gerade Bewegung auf der Erdoberfläche dazu führt, dass man sich auf einem Kreis bewegt (und schließlich zu seinem Ausgangspunkt zurückkehrt). Alternativ kann man aber auch eine Beschreibung über das Schwerefeld wählen, das mit Materie so wechselwirkt, dass sich dieselben gekrümmten Bahnen in der Raumzeit ergeben.

Bäker, M. (2018), Isaac oder Die Entdeckung der Raumzeit. Springer-Verlag

Kap. 11

Ch'kuls Erkenntnisse über den Zusammenhang zwischen Verschränkung, Bewusstsein und der Raumzeit sind vollkommen fiktiv und widersprechen unserem aktuellen Wissen über die Quantenmechanik. Es gibt zwar tatsächlich Hypothesen, die annehmen, dass es eine enge Verbindung zwischen der quantenmechanischen Verschränkung und der Struktur der Raumzeit gibt, diese erlauben aber keine Übertragung von Information mit Überlichtgeschwindigkeit. Auch das Bewusstsein wird gelegentlich mit Quanteneffekten in Verbindung gebracht (siehe die Anmerkungen zu Kap. 10), aber auch diese Verbindung ist rein hypothetisch und besitzt nur eine geringe Plausibilität.

Swingle, Brian (2018). Spacetime from entanglement. Annual Review of Condensed Matter Physics 9, 345

****

Die Sterne der Milchstraße drehen sich um ihr Zentrum. Die Geschwindigkeit ist dabei nicht überall identisch, aber die Milchstraße benötigt etwa 200 bis 250 Mio. Jahre, um sich einmal zu drehen. Diese Zeitspanne bezeichnet Ch'kul als einen Zyklus. Ein Millizyklus sind also etwa 200000 Jahre.

B

Glossar

In diesem Glossar werden die wichtigsten physikalischen Begriffe kurz erläutert. Zusätzlich wird auf die Kapitel verwiesen, in denen die Begriffe erläutert werden.

Es werden auch die Begriffe aufgeführt, die die Außerirdischen im Rahmen der Handlung entwickeln, um Bauteile oder Effekte zu beschreiben, ebenso fiktive Konzepte (wie etwa Twistonen). Es sei noch einmal ausdrücklich darauf hingewiesen, dass als „fiktiv" bezeichnete Konzepte keine Basis in der aktuellen Physik haben und lediglich für dieses Buch entwickelt wurden.

Bell'sche Ungleichung Eine mathematische Beziehung, mit der die Wirkung der Verschränkung von Teilchen erfasst werden kann. Sie wurde aufgestellt, um zu zeigen, dass die Quantenmechanik nicht gleichzeitig lokal und realistisch sein kann (siehe aber auch → **Superdeterminismus**). Siehe Kap. 8, 10

M. Bäker, *Das Quantenrätsel*,
https://doi.org/10.1007/978-3-662-67299-0

Deklination Deklination und Rektaszension sind zwei Winkelangaben, mit denen sich die Position von Himmelskörpern beschreiben lässt.

Dekohärenz Die ständige Wechselwirkung von Objekten mit der Umgebung führt zu einer Verschränkung des Zustands des Objekts mit der Umgebung. Diese Verschränkung bezeichnet man als Dekohärenz, weil sie dazu führt, dass man durch die Wechselwirkung mit der Umgebung keine quantenmechanische Interferenz beobachten kann. Siehe Kap. 10

Doppler-Effekt Die Veränderung der Frequenz eines Signals, wenn sich Sender und Empfänger relativ zueinander bewegen. Siehe Anmerkungen zu Kap. 5

Dunkle Materie Eine hypothetische Materieform, die postuliert wurde, da die Rotationsgeschwindigkeiten von Galaxien sich nicht allein durch die beobachtbare Materie erklären lässt. Die in diesem Buch beschriebenen Filamente aus Dunkler Materie und ihre Erklärung über Twistonen sind rein fiktiv. Siehe Kap. 5 und Anmerkungen zu Kap. 5

Elektron Ein elementarer Baustein der Materie. Elektronen sind negativ geladen. In einem Atom bilden die Elektronen eine Hülle, die den deutlich schwereren Atomkern umgibt.

EPR-Paradoxon Ein quantenmechanisches Experiment, das die Wirkung der Verschränkung und ihre scheinbar paradoxen Eigenschaften deutlich macht. Siehe Kap. 7, 8

Frequenz Der an einem Ort gemessene zeitliche Abstand zwischen zwei Wellenbergen (oder Wellentälern) einer Welle.

Halbdurchlässiger Spiegel →Strahlteiler

Halbspiegel Von den Außerirdischen verwendeter Begriff für einen Spiegel, der für einige Lichtwellenlängen durchlässig ist, andere dagegen reflektiert.

Interferenz Die Überlagerung zweier Wellen, wobei diese sich verstärken oder auslöschen können. Siehe Kap. 4, 6

Kollaps der Wellenfunktion Die →**Wellenfunktion** gibt die Wahrscheinlichkeit an, ein Objekt an einem Punkt zu finden. Wird das Objekt beobachtet, muss sich die Wellenfunktion deshalb sprunghaft ändern, da die Wahrscheinlichkeit an allen Orten, wo es nicht gefunden wurde, nach der Messung null ist. Diese sprunghafte Änderung wird als Kollaps der Wellenfunktion bezeichnet. Siehe Kap. 4, 6, 8, 10

Komplexe Zahl Komplexe Zahlen sind eine Erweiterung der reellen Zahlen. Eine komplexe Zahl wird durch zwei reelle Zahlen gekennzeichnet. Eine gibt ihren Betrag an, die andere die →**Phase**. Siehe Kap. 4

Kopenhagener Deutung Eine Interpretation der Quantenmechanik, die sagt, dass die Physik nur abstrakte Beschreibungen der Welt liefern, aber nicht wirklich etwas über die Realität aussagen kann. Siehe Kap. 10

Lichtgeschwindigkeit Die Geschwindigkeit, mit der sich Licht im Vakuum ausbreitet.
Ihr Wert beträgt 299 792 458 m/s, also etwa 300 000 km/s.

Lichtkörnchen T'lik'tiks Begriff für ein →**Photon**

Lichtquant →**Photon**

Lokalität Die Eigenschaft einer physikalischen Theorie, nach der ein Ereignis nur seine unmittelbare Umgebung beeinflussen kann, so dass sich die Auswirkungen durch den Raum ausbreiten müssen. Siehe Kap. 8, 10

Mach-Zehnder-Interferometer Ein quantenmechanischer Versuchsaufbau, der im dritten Raum des Landers verwendet wird. Siehe Kap. 4 und Anmerkungen zu Kap. 4

Neutrino Ein elektrisch neutrales Elementarteilchen, das mit Materie nur sehr schwach wechselwirkt. Neutrinos entstehen bei Kernreaktionen, beispielsweise in der Sonne oder in einer Supernovaexplosion.

Neutron Ein elementarer Baustein der Materie. Neutronen sind elektrisch nicht geladen und wesentlich schwerer als Elektronen. Neutronen und Protonen sind die Bestandteile von Atomkernen. Isolierte Neutronen sind instabil und zerfallen in ein Proton, ein Elektron und ein Neutrino.

Parametrische Fluoreszenz Ein Prozess, bei dem aus einem Photon mit hoher Energie zwei Photonen mit niedrigerer Energie entstehen. Siehe Kap. 9 und Anmerkungen zu Kap. 9

Phase Eine Größe, die eine →**komplexe Zahl** beschreibt. Siehe Kap. 4

Photon Das Elementarteilchen des Lichts, auch Lichtquant genannt. Siehe Kap. 4

Pfadintegral Ein mathematisches Werkzeug, um die Wahrscheinlichkeit eines Ereignisses in der Quantenmechanik zu berechnen. Kann ein Ereignis auf mehrere mögliche Arten geschehen, wird für jede Möglichkeit die sogenannte Wahrscheinlichkeitsamplitude berechnet. Anschließend werden alle Wahrscheinlichkeitsamplituden addiert. Das Quadrat der gesamten Wahrscheinlichkeitsamplitude ist dann gleich der Wahrscheinlichkeit für dieses Ereignis. Siehe Kap. 4

Planck'sches Wirkungsquantum →**Wirkungsquantum**

Polarisation Bezeichnet die Richtung der Schwingung einer Welle. Betrachtet man Licht als elektromagnetische Welle, gibt die Polarisation die Richtung an, in der das elektrische Feld orientiert ist. Auch einzelne Photonen besitzen eine Polarisation. Siehe Kap. 8

Polarisationsdreher Ein optisches Bauteil, das die Richtung der Polarisation von Licht um einen bestimmten Betrag drehen kann. Siehe Kap. 8

Polfilter Ein optisches Bauteil, das nur Licht mit einer bestimmten Polarisation durchlässt. Trifft ein einzelnes Photon auf einen Polfilter, ist die Wahrscheinlichkeit, dass es durchgelassen wird, umso größer, je kleiner der Winkel zwischen der Polarisation des Photons und der Richtung des Polfilters ist, siehe Abb. 12.2. Siehe Kap. 8 und Anmerkungen zu Kap. 5

Proton Ein elementarer Baustein der Materie. Protonen sind positiv geladen und wesentlich schwerer als Elektronen. Protonen sind zusammen mit Neutronen ein Bestandteil von Atomkernen.

Psi-epistemisch Eine Interpretation der Quantenmechanik ist psi-epistemisch, wenn sie annimmt, dass die Wellenfunktion das Wissen über die Realität beschreibt, aber nicht wirklich eine Entsprechung in der Realität besitzt. Siehe Kap. 10

Psi-ontisch Eine Interpretation der Quantenmechanik ist psi-ontisch, wenn sie annimmt, dass die Wellenfunktion tatsächlich ein physikalisches Objekt beschreibt. Siehe Kap. 10

Quantenmechanik Die physikalische Theorie, die das Verhalten der Materie auch auf atomarer Ebene beschreibt (im Gegensatz zur klassischen Physik, die nur für makroskopische Objekte gültig ist). Siehe Kap. 4

Realismus Eine physikalische Theorie ist realistisch, wenn die Elemente, die in der Theorie zur Beschreibung der Welt verwendet werden, auch tatsächlich eine Entsprechung in der Realität haben. Siehe Kap. 8, 10

Rektaszension Deklination und Rektaszension sind zwei Winkelangaben, mit denen sich die Position von Himmelskörpern beschreiben lässt.

Relativitätstheorie Die physikalischen Theorien, die die Struktur der Raumzeit beschreiben. Die spezielle Relativitätstheorie besagt, dass die Lichtgeschwindigkeit im Vakuum immer konstant ist und dass sich nichts schneller als das Licht bewegen kann. Die Allgemeine Relativitätstheorie beschreibt die Schwerkraft als eine Theorie einer gekrümmten Raumzeit. Siehe Kap. 10 und Anmerkungen zu Kap. 10

Scheibe Von den Außerirdischen verwendeter Begriff für einen →**Polfilter**.

Spektralanalyse Die Untersuchung der Intensität eines Lichtsignals abhängig von der Wellenlänge. Siehe Anmerkungen zu Kap. 5

Spukhafte Fernwirkung Einsteins Umschreibung für die sprunghafte Änderung der Wellenfunktion beim → **Kollaps der Wellenfunktion**

Strahlteiler Ein halbdurchlässiger Spiegel, der einen Teil des Lichts durchlässt und einen Teil reflektiert. Siehe Kap. 4

Summe über Möglichkeiten →**Pfadintegral**

Superdeterminismus Eine Interpretation der Quantenmechanik, nach der die Theorie gleichzeitig lokal und realistisch ist. Das →**EPR-Paradoxon** und die →**Bell'sche Ungleichung** werden dadurch umgangen, dass die Annahme fallen gelassen wird, der Zustand eines Detektors ließe sich unabhängig vom Zustand der gemessenen Teilchen einstellen. Siehe Kap. 10 und Anmerkungen zu Kap. 10

Supernova Eine Sternexplosion am Ende der Lebensdauer eines Sterns, bei der dieser den Großteil seiner Masse abstößt. Siehe Kap. 2 und Anmerkungen zu Kap. 2

Teiler Von den Außerirdischen verwendeter Begriff für einen →**Strahlteiler**.

Twiston Twistonen sind rein fiktive Elementarteilchen, aus denen sich die Dunkle Materie zusammensetzt. Siehe Kap. 7 und Anmerkungen zu Kap. 7

Überlagerung Man spricht von einem quantenmechanischen Überlagerungszustand, wenn es für eine bestimmte Messgröße eine Wahrscheinlichkeit gibt, zwei oder mehr unterschiedliche Werte zu messen. Ein Beispiel ist der Weg eines Photons hinter einem Strahlteiler, da das Photon dann eine Wahrscheinlichkeit von 50% für jede der beiden Möglichkeiten (reflektiert oder durchgelassen) besitzt. Der Begriff Überlagerungszustand bezieht sich immer auf eine bestimmte Messgröße; ein Photon, das senkrecht polarisiert ist, ist nicht in einem Überlagerungszustand bezüglich einer Messung der Polarisation in senkrechter oder waagerechter Richtung, es ist aber in einem Überlagerungszustand bezüglich einer Messung unter einem Winkel von 45°. Siehe Kap. 4, 6, 8, 10

Unschärferelation Die Unschärferelation (oft auch Heisenberg'sche Unschärferelation genannt) sagt aus, dass es physikalische Größen gibt, die für ein Objekt nicht gleichzeitig beliebig genau bestimmt sein können. Siehe Kap. 6 und Anmerkungen zu Kap. 6

Verschränkung Laut Quantenmechanik kann der Zustand zweier Objekte in vielen Fällen nur für beide Objekte gemeinsam beschrieben werden kann, auch wenn beide Objekte weit voneinander entfernt sind. Dieses Phänomen wird als Verschränkung bezeichnet. Nachweisen lässt es sich durch das →**EPR-Paradoxon**. Siehe Kap. 7, 8, 10

Verzögerer Ein (fiktives, aber physikalisch mögliches) optisches Bauteil, das Photonen für mehrere Sekunden verzögert, ohne ihre Eigenschaften zu beeinflussen. Siehe Kap. 3 und Anmerkungen zu Kap. 3

Viele-Welten-Theorie Eine Interpretation der Quantenmechanik, nach der sich das Universum bei jedem zufälligen Quantenereignis in mehrere Kopien aufspaltet. Siehe Kap. 10

Von-Neumann-Maschine Eine Maschine, die in der Lage ist, sich selbst zu vervielfältigen. Siehe Anmerkungen zu Kap. 1

Wahrscheinlichkeitsamplitude Eine Zahl, deren Quadrat die Wahrscheinlichkeit für ein bestimmtes Ereignis beschreibt. Die Wahrscheinlichkeitsamplitude ist im Allgemeinen eine komplexe Zahl. Siehe Kap. 4

Weg-Information Wird ein Objekt, das mehrere mögliche Wege gehen kann (beispielsweise ein Photon an einem Strahlteiler) auf einem der Wege beobachtet, spricht man von Weg-Information. Sobald eine Weg-Information vorliegt, können unterschiedliche Wege nicht mehr miteinander interferieren. Siehe Kap. 6, 9

Wellenfunktion Ein mathematisches Werkzeug, um den Zustand eines Objekts quantenmechanisch zu beschreiben. Die Wellenfunktion an einem Ort ist die →**Wahrscheinlichkeitsamplitude** dafür, dass das Objekt an diesem Ort gemessen wird. (Mathematisch genauer gibt das Quadrat der Wellenfunktion an einem Ort die Wahrscheinlichkeitsdichte an.) Im Text wird auch das Photon mithilfe der Wellenfunktion beschrieben, obwohl dies streng genommen nicht ganz korrekt ist (siehe Anmerkungen zu Kap. 6). Siehe Kap. 4, 8, 10 und Anmerkungen zu Kap. 4

Wellenlänge Der räumliche Abstand zwischen zwei Wellenbergen (oder Wellentälern) in einer Welle.

Welle-Teilchen-Dualismus Ein Begriff, der beschreiben soll, dass Objekte wie Photonen sich in mancher Hinsicht wie Wellen, in anderer Hinsicht wie Teilchen verhalten. Siehe Kap. 4

Wirkungsquantum Eine Naturkonstante, die die Größe vieler Quanteneffekte bestimmt. Die Energie eines Photons ist beispielsweise gleich seiner Frequenz multipliziert mit dem Wirkungsquantum. Die Energie eines Elektrons im Wasserstoffatom ist proportional zum Quadrat des Wirkungsquantums. Das Wirkungsquantum trägt seinen Namen, weil es die physikalische Einheit einer Wirkung (Energie mal Sekunde) hat. Siehe Kap. 4

Z-Konverter Ein fiktives Gerät, das ein Photon hoher Energie in ein Photon niedrigerer Energie sowie ein Neutrino-Antineutrino-Paar aufspaltet. Siehe Kap. 9 und Anmerkungen zu Kap. 9

Zeno-Effekt Ein quantenmechanischer Effekt, bei dem der langsame Übergang eines Systems von einem Zustand in einen anderen durch häufige Messung unterdrückt wird. Siehe Kap. 8, 9

Printed in the United States
by Baker & Taylor Publisher Services